# Transfernachweis IPMA/GPM

## Der ultimative Leitfaden aus der Praxis

1. Auflage

Verlag: Selbstverlag, Andrea Windolph, Hilgenfeldweg 30, 07743 Jena

Printed in Germany
by Amazon Distriubtion GmbH, Leipzig

ISBN: 978-1495378225



Bibliografische Information der Deutschen Nationalbibliothek:
Die Deutsche Nationalbibliothek verzeichnet diese Publikation in der Deutschen Nationalbibliografie; detaillierte bibliografische Daten sind im Internet über http://dnb.d-nb.de abrufbar.

# Inhalt

# Vorwort

Du steckst gerade mitten in der Projektmanagement-Weiterbildung zum Zertifizierten Projektmanagement-Fachmann (GPM)/IPMA Level D? Du musst im Rahmen dieser Weiterbildung einen Transfernachweis erstellen? Dann ist dieses Buch genau richtig für dich!

Beim dem Sichten von Transfernachweisen in dreistelliger Anzahl habe ich festgestellt, dass die Teilnehmer immer wieder mit den gleichen Problemen kämpfen und ähnliche Fehler machen. Um eine Hilfestellung zu bieten, wurde dieser Leitfaden entwickelt.

Nach dem Lesen dieses Buches wirst du:

a) wissen, auf welche Punkte du genau achten musst
b) eine viel klarere Vorstellung über die Anforderungen haben
c) typische Fehlerquellen vermeiden
d) viel gelassener an die Sache heran gehen

Ohne dich beunruhigen zu wollen: Die Erstellung dieses Transfernachweises ist nicht mal eben so nebenbei gemacht. Immer wieder berichten Teilnehmer, dass sie den Aufwand vollkommen unterschätzt haben.

Doch keine Panik: Es ist kein Hexenwerk, und tausende andere Personen haben es schon vor dir geschafft. Die Schlüssel zum Erfolg sind strukturiertes Arbeiten, kontinuierliches Dranbleiben und Vermeiden typischer Fehler. Und genau da kommt dieses Buch ins Spiel.

Ich wünsche dir viel Spaß beim Lesen und hoffe, dass dir dieses Buch bei der Erarbeitung deines Transfernachweises hilft.

Andrea Windolph
Jena, Februar 2014

# Über dieses Buch

## Grundlage des Buches

Die Vorgaben zur Erstellung eines Transfernachweises werden regelmäßig von der Deutschen Gesellschaft für Projektmanagement (GPM) überarbeitet. Aktuell (Februar 2013) gilt die Anleitung zum Transfernachweis IPMA Level D Z08 in der Revision 15 vom 17.10.2012. In diesem Buch werden die Vorgaben dieser Revision berücksichtigt.

Sollte das Dokument Z08 zukünftig geändert werden und dir liegt dieses Buch vor, so können sich die Vorgaben in einigen Details unterscheiden. Die jeweils aktuelle Version der Vorgaben können auf der Website der GPM unter folgendem Link heruntergeladen werden:
http://www.gpmipma.de/qualifizierung_zertifizierung/ipma_4_l_c_zertifikate_fuer_projektmanager/level_d.html

Wenn du deine Weiterbildung bei einem Trainingsanbieter durchführst, können dessen Vorgaben und Erfahrungen durchaus von den Hinweisen in diesem Buch abweichen. Orientiere dich in diesem Fall an dessen Vorgaben und finde für dich den richtigen Weg.

## Kein Lehrbuch

Dieses Buch hat nicht den Anspruch, Projektmanagement-Methoden zu erläutern und zu vermitteln. Es wird davon ausgegangen, dass du das notwendige Wissen in den Seminaren erlernst und vertiefst. Bei der Erarbeitung der einzelnen Kapitel des Transfernachweises wird davon ausgegangen, dass du die notwendigen theoretischen Kenntnisse bereits besitzt.

Es wird jedoch für jedes Kapitel detailliert darauf eingegangen, wie die Methoden angewendet und im Transfernachweis bearbeitet werden sollen.

## Der menschliche Faktor

Die Vorgaben zur Erstellung eines Transfernachweises sind recht grob formuliert und nicht in Stein gemeißelt. Rechne also damit, dass verschiedene Assessoren einen unterschiedlichen Blick auf deine Arbeit haben und die Vorgaben auch durchaus unterschiedlich interpretieren. Entwickle also möglichst von vornherein eine gewisse Gelassenheit bei der Erarbeitung des Transfernachweises – du wirst es niemanden in allen Punkten recht machen können. Eine schlüssige und nachvollziehbare Arbeit ist die Grundlage des Erfolges.

# Wie lesen?

Du hast natürlich die Möglichkeit, das gesamte Buch von vorn bis hinten durchzulesen. Hast du die Zeit, ist das auch durchaus empfehlenswert. Ansonsten empfehle ich folgende Vorgehensweise:

1. Lese dir die Abschnitte „Der Transfernachweis", „Auswahl des Projektes" und „Aufbau und Inhalt" durch. Danach hast du das grundlegende Wissen, was du für den Beginn des Transfernachweises benötigst.
2. Beschäftige dich ebenfalls mit dem Abschnitt „Tipps und Tricks", um häufige Fehler von vornherein zu vermeiden.
3. Beginne mit der Erstellung des Transfernachweises und nutze den Abschnitt „Die Kapitel im Detail" als Nachschlagewerk, wenn du einzelne Kapitel behandelst.
4. Schau ab und zu nach, ob dir die Hilfsmittel im Abschnitt „Bonusmaterial" bei der Erarbeitung deines aktuellen Kapitels helfen.

# Aufbau dieses Buches

## Der Transfernachweis

Im ersten Abschnitt wird auf grundlegende Informationen zum Transfernachweis eingegangen und folgende Fragen beantwortet:

1. Was ist der Transfernachweis überhaupt?
2. In welchem zeitlichen Rahmen wird er erstellt?
3. Wie erfolgt die Bewertung des Transfernachweises?
4. Wie steht es um sensible Daten und Geheimhaltung?

## Auswahl des Projektes

Im Rahmen des Transfernachweises wird von dir ein konkretes Projekt ausführlich dargestellt. In diesem Kapitel wird auf folgende Punkte eingegangen:

1. Welche Anforderungen bestehen an das Projekt?
2. Sollte es besser ein reales oder ein fiktives Projekt sein?
3. Sollte es als Einzel- oder Gruppenprojekt bearbeitet werden?
4. Welche Rolle solltest du im Projekt spielen?

## Aufbau und Inhalt

Hier dreht sich alles um allgemeine Informationen zu Aufbau und Inhalt des Transfernachweises. Diese Themen werden näher betrachtet:

1. Welche Vorgaben gibt es bezüglich Formalien und grafischer Gestaltung?
2. Wie schauen die Assessoren auf den Transfernachweis?
3. Welche Rolle spielen Querbezüge im Projekt?
4. Wie sieht ein gut aufgebautes Kapitel aus?
5. Welches Mengengerüst solltest du anwenden?

## Die Kapitel im Detail

Nach vielen einleitenden Worten geht es hier jetzt ins Detail. Jedes einzelne zu erarbeitende Kapitel wird näher betrachtet. Pro Kapitel werden folgende Fragen beantwortet:

1. Was ist im Kapitel inhaltlich gefordert?
2. Worauf musst du besonders achten?
3. Wo liegen typische Fehlerquellen?
4. Welche Querbezügen gibt es zu anderen Kapiteln?
5. Wie solltest du am besten bei der Bearbeitung vorgehen?
6. Wie kannst du dir Bonuspunkte holen?

## Tipps und Tricks

Hier findest du allerlei nützliche Hinweise, die dir bei der Erarbeitung des Transfernachweises helfen können:

1. Welche Tipps gibt es zum Thema Zeitmanagement?
2. In welcher Reihenfolge solltest du den Transfernachweis erarbeiten?
3. Was tun bei Unterschieden in Theorie und Praxis?
4. Wie viel Zeit solltest du in den Transfernachweis investieren?

## Bonusmaterial

Checklisten, Vorlagen, Beispiele: Schau, ob du hier etwas für dich nützliches finden kannst:

1. Checkliste: Welche Punkte solltest du für jedes Kapitel prüfen?
2. Checkliste: Welche Punkte solltest du vor Abgabe des Transfernachweises noch einmal prüfen?
3. Inspiration und Triggerfragen
4. Online-Ressourcen

# Der Transfernachweis

*Erhalte grundlegende Informationen zum Transfernachweis*

## Was ist der Transfernachweis?

Jeder Teilnehmer einer Qualifizierung zum Zertifizierten Projektmanagement-Fachmann (GPM)/IPMA Level D hat im Rahmen seiner Weiterbildung einen so genannten Transfernachweis zu erstellen.

Dieser Transfernachweis ist neben der schriftlichen und mündlichen Prüfung eine von drei zu erbringenden Prüfungsleistungen und wird eigenständig bewertet.

Jeder Teilnehmer soll mit Erstellung des Transfernachweis nachweisen, dass das erlernte Projektmanagement-Wissen in der Praxis umgesetzt werden kann. Um diesen Nachweis zu erbringen, wird ein reales oder fiktives Projekt im Detail beschrieben. Es handelt sich nicht um eine theoretische Abhandlung, sondern um einen Transfer des Wissens in den praktischen Projektalltag.

# Ablauf

Für die Erstellung des Transfernachweises ist in der Regel während der gesamten Projektmanagement-Weiterbildung Zeit. Häufig erstrecken sich die Seminare über 4-6 Monate. In diesem Zeitraum entstehen Schritt für Schritt die Kapitel für den Transfernachweis.

Jeder Trainingsanbieter hat ein individuelles Vorgehen. Sofern du die Weiterbildung über einen Autorisierten Trainingspartner der GPM durchführst, ist der Ablauf häufig wie folgt:

1. Auswahl des Projektes in oder nach den ersten Seminartagen
2. Erstellung eines ersten Projektsteckbriefes
3. Ausarbeitung der ersten Kapitel zu Themen, die in den ersten Seminartagen behandelt wurden
4. Einreichung dieser Kapitel zu einer informellen Zwischenprüfung beim Trainingsanbieter inklusive Feedback mit Verbesserungsvorschlägen
5. Ausarbeitung der weiteren Kapitel
6. Einreichung des Transfernachweises zu einer weiteren informellen Prüfung inklusive Feedback mit Verbesserungsvorschlägen
7. Einarbeitung des Feedbacks und Einreichung des finalen Transfernachweises
8. Formale Prüfung beim Trainingsanbieter und Einreichung bei der Zertifizierungsstelle spätestens zwei Wochen vor der Zertifizierung.

Es ist sehr sinnvoll, regelmäßig am Transfernachweis zu arbeiten und die Zwischenfeedback-Termine des Trainingsanbieters zu nutzen. So stellst du sicher, dass du

a) aktuell in den Seminaren vermitteltes Wissen sofort umsetzt,
b) frühzeitig auf mögliche Fehler hingewiesen wirst und
c) gegen Ende nicht zu stark unter Zeitdruck gerätst.

# Bewertung des Transfernachweises

Die Beteiligten deiner Projektmanagement-Ausbildung werden in folgender Grafik anschaulich dargestellt:

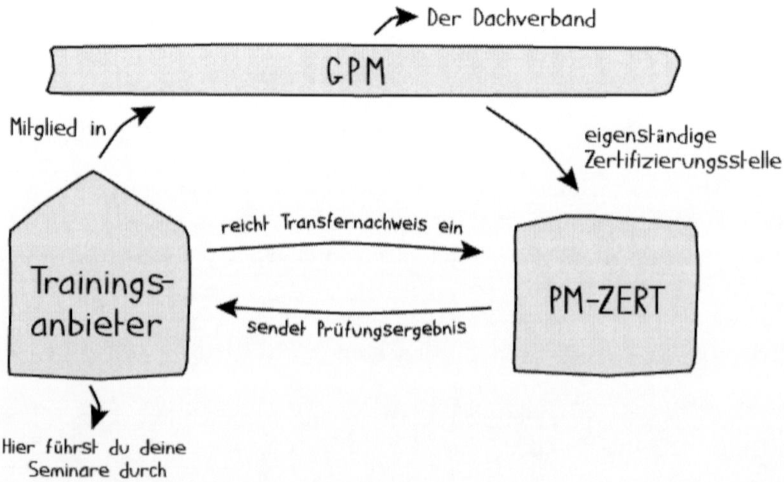


Die Deutsche Gesellschaft für Projektmanagement (GPM) ist der Dachverband der Projektmanagement-Zertifizierung.

Deine Weiterbildung absolvierst du meist bei einem Trainingsanbieter. Häufig sind das autorisierte Trainingspartner der GPM. Beim Trainingsanbieter nimmst du an Seminaren teil, erhältst Lernmaterialien und Feedback zu deinem Transfernachweis. Der Trainingsanbieter kümmert sich meist auch um die Kommunikation mit der Zertifizierungsstelle.

Diese Zertifizierungsstelle nennt sich PM-ZERT. Diese Stelle ist eine unabhängige Einheit der GPM und ist verantwortlich für alle Fragen der Zertifizierung. Unter anderem gibt sie die Richtlinien für Prüfungen und Transfernachweise heraus und wählt Assessoren aus.

Während deiner Ausbildung gibt es meist zwei Stufen der Bewertung:

1. Informelle Bewertung beim Trainingsanbieter
2. Abschließende Prüfungsbewertung durch die PM-ZERT

Während du von deinem Trainingsanbieter Tipps und Verbesserungsvorschläge bekommst, ist ausschließlich die Bewertung durch die Assessoren der PM-ZERT ausschlaggebend für deine Punktzahl. Zwei Assessoren prüfen deine Arbeit unabhängig voneinander und vergeben Punkte für jedes Kapitel. Die Punktzahl der beiden Assessoren wird zum Gesamtergebnis addiert.

Maximal können 120 Punkte erreicht werden. Der Transfernachweis gilt mit mindestens 60 Punkten als bestanden. Für die Bewertung wird folgende Tabelle als Basis herangezogen:

| Bewertungspunkte | Bedeutung der Transferbewertung |
|---|---|
| 0 | Nicht ausgeführt oder nicht zutreffend |
| 1 | **Kein Transfer**<br>• ausschließlich Theorie beschrieben<br>• schwerwiegende inhaltlich-methodische Fehler<br>• Grafik nicht verständlich oder falsch |
| 2 | **Transferansatz**<br>• überwiegend Theorie beschrieben<br>• viele inhaltlich-methodische Fehler<br>• Grafik mit Fehlern |
| 3 | **Ausreichender Transfer**<br>• Theorie als Basis erkennbar<br>• wenige inhaltlich-methodische Fehler<br>• Grafik nicht verständlich erläutert |
| 4 | **Befriedigender Transfer**<br>• Theorie hinreichend beschrieben<br>• Kaum*[1] inhaltlich-methodische Fehler<br>• Grafik verständlich, aber nicht vollständig |
| 5 | **Guter Transfer**<br>• fallweise theoretische Erläuterungen<br>• keine inhaltlich-methodischen Fehler<br>• Grafik vollständig und verständlich |
| 6 | **Sehr guter Transfer**<br>• gute theoretische Erläuterungen<br>• keine inhaltlich-methodischen Fehler<br>• Grafik vollständig, verständlich und einprägsam |

Quelle: Anleitung zum Transfernachweis IPMA Level D Z08 Rev 15 vom 17.10.2012

[1] Im Original-Dokument wird hier von „wesentliche inhaltlich-methodische Fehler“ gesprochen, was allerdings in der Bewertungsskala keinen Sinn macht.

Bei der Betrachtung der Bewertungsvorschriften werden drei Punkte deutlich:

1. Der Transfer, also die Übertragung des theoretischen Wissens in das praktische Projekt, spielt eine erhebliche Rolle für eine positive Bewertung.
2. Eine korrekte Anwendung der Projektmanagement-Methoden ist wesentlich.
3. Grafiken müssen vollständig, verständlich und einprägsam sein.

Um eine möglichst positive Bewertung zu erreichen, wird in diesem Buch immer wieder auf diese Punkte eingegangen.

# Geheimhaltung

Bei vielen Projekten stellt sich die Frage der Geheimhaltung. Strategisch wichtige Projekte, technologische Projekte im Forschungs- und Entwicklungsumfeld oder intern groß angelegte Organisationsprojekte sind besonders oft davon betroffen.

Die Zertifizierungsstelle PM-ZERT verpflichtet sich ausdrücklich, die Daten dieser Transfernachweise weder zu veröffentlichen, noch an Dritte weiterzugeben. Alle Arbeiten werden lediglich für die Bewertung durch die Assessoren und im Rahmen des Zertifizierungsverfahrens verwendet.

Wenn du deine Weiterbildung über einen Trainingsanbieter durchführst, gibt es dort vermutlich ähnliche Regelungen.

Solltest du allerdings ein Projekt mit wirklich sensiblen Daten bearbeiten, steht es dir jederzeit frei, es zu anonymisieren. Änderungen der Projektbeteiligten, der Zahlen und Aufwände usw. sind in jedem Fall möglich, auch wenn du ein real existierendes Projekt beschreibst. Ziel des Transfernachweises ist es nicht, 1:1 die Praxis zu erläutern, sondern deine Kompetenz als Projektleiter nachzuweisen.

# Auswahl des Projektes

*Erfahre, nach welchen Kriterien du dein Projekt auswählen solltest*

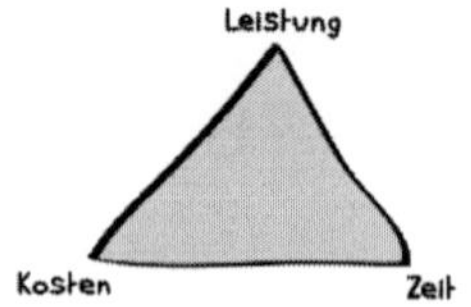


# Anforderungen an das Projekt

Im Gegensatz zu den höheren Levels der GPM-Zertifizierung gibt es keine harten Anforderungen an das Projekt, das innerhalb des Transfernachweises beschrieben wird. Dennoch gelten gewisse Rahmenbedingungen, an denen du dich orientieren kannst. Wichtig ist immer eine gewisse Komplexität, die du durch die Anwendung von Projektmanagement-Methoden im Griff behältst.

Allgemein gilt: Möglichst nicht zu groß und nicht zu klein. Und wenn schon eine von beiden Alternativen, dann besser zu groß. Sehr kleine Projekte wirken schnell trivial. Als Teilnehmer kannst du so kaum deine erworbene Kompetenz nachweisen. Keine der folgenden Zahlen sind als starre Vorgabe zu verstehen. Auch wenn ein Kriterium nicht erfüllt ist, kann es sich um ein komplexes Projekt handeln. Hier zählt das Gesamtbild.

**Kosten**

Die Organisation einer Geburtstagsparty mit einem Budget von 2.000€ würde nicht ausreichen. Ebenso ist der Bau eines Carports mit einer Größenordnung von 10.000€ deutlich am unteren Ende. Auf der sicheren Seite bist du häufig mit einem Projektbudget ab ca. 40.000€. Einige Teilnehmer bearbeiten Millionen-Projekte - auch das ist möglich.

**Dauer**

Das Projekt sollte eine Laufzeit von mindestens 6 Monaten haben. Auch kürzere Projekte sind möglich, wenn die Komplexität an anderer Stelle geeignet hoch ist.

**Projektbeteiligte**

Ein Projekt, das nur von dir allein organisiert wird (z.B. die Organisation einer Weltreise), ist sicher sehr komplex und auch teuer. Jedoch sind Projekte besser, die auch eine gewisse Projektorganisation erfordern.

**Status des Projektes**

Es ist dir überlassen, ob du ein

a) abgeschlossenes / vergangenes
b) aktuelles
c) zukünftiges
d) abgebrochenes

Projekt beschreiben möchtest. Hierzu gibt es keine Vorgaben und auch keine bekannten Vor- oder Nachteile.

## Reales oder fiktives Projekt?

Gleich vorab: Es gibt hierfür keine allgemeine Empfehlung. Es bleibt dir überlassen, ob du ein reales oder fiktives Projekt innerhalb deines Transfernachweises beschreiben möchtest. Beide Varianten haben ihre Vor- und Nachteile.

| | Vorteile | Nachteile |
|---|---|---|
| Reales Projekt | • Situationen aus der Praxis können direkt genutzt werden.<br>• Der Transfernachweis kann auch in der Praxis als Leitfaden eingesetzt werden.<br>• Es hilft, praktische und alltägliche Situationen mit der Projektmanagement-Brille zu betrachten. | • Aus Geheimhaltungsgründen kann es sein, dass viele Punkte umgeschrieben werden müssen.<br>• In der Praxis laufen viele Dinge häufig so wenig nach Lehrbuch, dass an vielen Stellen getrickst werden muss.<br>• Es kann passieren, dass man gedanklich stärker in den praktischen Problemen steckt, statt sich auf die objektive Projektmanagement-Sicht für den Transfernachweis zu begeben. |
| Fiktives Projekt | • Alle Projektsituationen können optimal „nach Lehrbuch" geschildert werden.<br>• Du kannst dich mit einem freien und fantasievollen Thema deiner Wahl beschäftigen.<br>• Du könntest ein „Spaßthema" deiner Wahl beschreiben. | • Alle Situationen und Beteiligte müssen zunächst gedanklich erschaffen werden.<br>• Die Erschaffung von komplexen Situationen erfordert ein gewisses Maß an Kreativität. |

Neben einer absoluten Entscheidung kann auch durchaus eine Mischform genutzt werden. Reale Projekte können als Ausgangsbasis genutzt und für den Transfernachweis angepasst werden. Ist dein Projekt in der Praxis besonders wenig nach Lehrbuch verlaufen, bietet sich diese Vorgehensweise vermutlich schon von allein an.

# Einzel- oder Gruppenprojekt?

Typischerweise wird ein Transfernachweis von einem einzelnen Teilnehmer erstellt. Allerdings sind auch Gruppen-Projekte möglich. In der Praxis sieht das wie folgt aus:

- Eine Gruppe mit maximal 4 Teilnehmern erarbeitet gemeinsam einen Transfernachweis.
- Jeder Verfasser muss an allen Kapiteln mitarbeiten.
- Alle Teilnehmer sind für alle Kapitel gemeinsam verantwortlich.

Ist die Erarbeitung als Gruppenprojekt empfehlenswert? Es kann durchaus pro Teilnehmer mit weniger Aufwand gerechnet werden. Trotzdem sind einige Punkte zu bedenken, die gegen ein Gruppenprojekt sprechen:

- Der Abstimmungsaufwand kann recht hoch werden.
- Es kann sein, dass der Transfernachweis weniger „aus einem Guss“ wirkt.
- Einzelne Themen werden weniger fokussiert beantwortet, da man sich auf Andere verlässt.
- Es wird vermutet, dass die Assessoren für Gruppenarbeiten die Messlatte etwas höher bei der Bewertung anlegen.

Welche Variante für dich günstiger ist, kannst nur du entscheiden. Es wird an dieser Stelle lediglich darauf hingewiesen, dass die Erarbeitung des Transfernachweises in einer Gruppe nicht zwangsläufig weniger Aufwand bedeutet. In der Praxis werden Gruppenprojekte eher selten durchgeführt.

# Die eigene Rolle im Projekt

Besonders Einsteiger ins Berufsleben haben häufig noch keine große Anzahl von Projekten zur Auswahl, welche sich für die Bearbeitung in einem Transfernachweis eignen. Aus diesem Grund kommt häufig die Frage auf, welche Rolle der Teilnehmer im Projekt eingenommen haben sollte.

Auf diese Frage gibt es keine eindeutige Antwort, aber immerhin eine Empfehlung:

Es macht sich für die gesamte Bearbeitung sehr gut, wenn du die Rolle des Projektleiters eingenommen hast. Aus dieser Position heraus kannst du immer genau beschreiben

- aus welchen Gründen du Entscheidungen gefällt hast
- wie du Methoden angewendet hast
- was du zukünftig anders machen würdest.

Besonders in sehr großen und komplexen Projekten kann auch die Rolle eines Teilprojektleiters beschrieben werden, sofern sie über fachliche Verantwortungen hinaus geht. Eine Verantwortung auch für Termine und Kosten wäre sehr günstig.

Die genaue Rolle ist jedoch nicht von der GPM oder PM-ZERT vorgegeben. Es besteht also prinzipiell auch die Möglichkeit, ein Projekt aus der Sicht eines Projektmitarbeiters zu schreiben. In diesem Fall müsste immer wieder darauf eingegangen werden, welche Erkenntnisse du für zukünftige Projekte mitnimmst und welche Verbesserungsvorschläge du hast.

# Aufbau und Inhalt

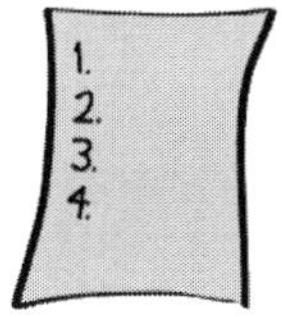


*Hole dir Tipps zum Aufbau der Arbeit und erfahre, worauf Assessoren achten.*

## Gestaltung der Arbeit

### Formale Vorgaben

Von der PM-ZERT existieren einige formale Vorgaben, die auch als bindend zu betrachten sind. Arbeiten, die diesen Vorgaben nicht entsprechen, können zurückgewiesen werden - was auch tatsächlich durchgesetzt wird.

| Vorgabe | Beschreibung |
|---|---|
| Seitenzahl | maximal 60 Seiten (inklusive Anlagen). |
| Dateiformat | PDF-Format |
| Dateigröße | max. 7 MB |
| Format | A4 Hochformat<br><br>Laut der Vorgabe Z08 sind einzelne Seiten im Querformat für Grafiken erlaubt, nicht jedoch für Tabellen. In der Praxis lässt sich das bei umfangreichen Tabellen oft schwer einhalten. Mir ist nicht bekannt, dass Arbeiten aus diesem Grund zurückgewiesen wurden. |
| Abkürzungsverzeichnis / Glossar | Abkürzungen und Begriffe, die nicht für Außenstehende bekannt sind, müssen in separaten Verzeichnissen in Kapitel 11.1 und 11.2 erläutert werden. |
| Verzeichnisse | Neben dem Inhaltsverzeichnis ist ein Abbildungs- und (sofern Anlagen genutzt werden) Anlagenverzeichnis zu erstellen. |

| Vorgabe | Beschreibung |
|---|---|
| Fußzeile | Die Fußzeile des Transfernachweises muss folgende Angaben enthalten:<br>• Dateinamen<br>• Seitennummer<br>• Version der Arbeit |
| Quellenangaben | Es handelt sich hier nicht um eine wissenschaftliche Arbeit. Im Idealfall werden keine Texte aus anderen Quellen kopiert, sondern Inhalte in eigenen Worten formuliert. Sind feste Zitate jedoch notwendig, müssen diese Stellen gekennzeichnet und mit einer Quellenangabe versehen werden. |
| Deckblatt | Das Deckblatt muss folgende Angaben enthalten:<br>• Name des Projektes<br>• Kurze Beschreibung oder Bild<br>• Ersteller<br>• Ort und Datum<br><br>Zusätzlich ist folgender Text einzufügen:<br><br>Transfernachweis im Rahmen des Lehrganges Projektmanagement-Fachmann GPM (Qualifizierungslehrgang IPMA Level D)<br><br>Gem Anleitung zum Transfernachweis<br>Dok.-Nr. Z08/ Rev. 15/ Datum 30.10.2012<br><br>Die letzte Zeile enthält die jeweilige Versionsnummer des Z08-Dokumentes, das als Bewertungsmaßstab herangezogen wird. |
| Dateinamen | Der Dateiname muss ebenfalls einer bestimmten Form entsprechen und folgende Angaben enthalten:<br>• Prüfungsnummer (die erhältst du von deinem Trainingsanbieter)<br>• Name des Zertifikanten<br><br>Beispiele:<br>1. Einzelarbeit: 12-345_Schmidt-Wolfgang.pdf<br>2. Gruppenarbeit: 12-345_Schmidt-Holger_Mueller-Uta.pdf |

| Vorgabe | Beschreibung |
|---|---|
| | Der Dateiname darf keine Umlaute oder Sonderzeichen enthalten, außer den in den Beispielen enthaltenen Verbindungsstrichen. |
| Gliederung | Die in der Z08 vorgegebenen Gliederungspunkte sind strikt einzuhalten. Unterkapitel dürfen in Ausnahmefällen erstellt werden, sollten allerdings nicht im Inhaltsverzeichnis auftauchen.<br><br>Nicht bearbeitete Wahlkapitel in den Kapiteln 9 und 10 bleiben als leere Gliederungspunkte bestehen und werden nicht gelöscht. |
| Lesezeichen | Die finale PDF-Datei muss Lesezeichen enthalten, so dass eine einfache Navigation im Dokument gegeben ist. |

# Grafische Gestaltung

## Das Auge liest mit

Niemand wird völlig neutral und objektiv nur die inhaltlichen und fachlichen Themen bewerten. Wie überall spielt auch hier die grafische Gestaltung eine Rolle. Eine Arbeit, die „aus einem Guss“ wirkt, strahlt schon von Beginn an eine gewisse Kompetenz aus.

Keiner verlangt von dir ein kreatives Layout oder eine professionelle Gestaltung. Wenn du die folgenden Hinweise beachtest, bist du schon auf der sicheren Seite:

- Verwende eine konsistente und durchgängige Formatierung von Schriften.
- Achte auf eine gute Lesbarkeit und ein deutliches Abheben der Überschriften.
- Nutze nicht zu viele Farben. Dieser Punkt wird immer wieder bemängelt. Beschränke dich auf ein Farbschema und nutze Hervorhebungen (auch in Grafiken) sparsam.
- Füge Zwischenüberschriften ein und strukturiere deinen Text, z.B. durch Aufzählungen.

## Lesbarkeit

Jeder, der schon einmal einen Balkenplan für ein komplettes Projekt auf eine A4-Seite pressen musste, kennt das Problem der Lesbarkeit.

Als Faustregel gilt: Alle deine Inhalte müssen bei einem Zoom-Faktor von 200% lesbar sein.

## Grafiken

Du bist sehr frei in der Gestaltung deiner Grafiken. Hochwertige und visuell ansprechende Diagramme können ebenso genutzt werden, wie handschriftliche Skizzen oder Fotos.

| Grafik | Geeignet für |
|---|---|
| Diagramme | Zielhierarchien, Projektstrukturplan, … |
| Skizzen | Mindmaps, Brainstormings, … |
| Fotos | Brainstormings, Stakeholder-Sonnenmodell, … |
| Screenshots | Balkenplan, Netzplan, Ressourcenganglinie, … |

Achte auch hier wieder auf den Punkt „Das Auge liest mit": Viele schlecht belichtete Fotos oder unleserliche Skizzen werten die Arbeit nicht unbedingt auf. Werden in Kapiteln Tabellen verlangt, sollten diese auch als Tabelle im Dokument, und nicht als abfotografierte Grafik, eingefügt werden.

## Corporate-Vorlagen

Vielleicht existieren in deinem Unternehmen für viele Prozesse bereits Vorlagen, auf die du zurückgreifen kannst. Das kann eine Menge Arbeit sparen. Achte darauf, dass diese Vorlagen auch die Informationen enthalten, die für diesen Transfernachweis gefordert werden und ergänze gegebenenfalls ein paar Felder.

# Der Blick der Assessoren

Dieses Kapitel ist vielleicht eines der wichtigsten dieses Buches. Lehne dich also zurück und lese es dir genau durch. Hier geht es nämlich nicht nur um die Assessoren, sondern um allgemeine Hinweise, mit denen du diesen Transfernachweis, aber auch andere Dokumente im Arbeitsalltag überprüfen kannst.

## Der Blick des Außenstehenden

Behalte immer im Hinterkopf, dass dieses Dokument von einem Außenstehenden gelesen wird. Informationen zum Projekt, zu Beteiligten, zur Geschichte usw. sind für dich also völlig selbstverständlich - für den Außenstehenden jedoch nicht.

Wir sprechen hier übrigens von einem „sachkundigen Außenstehenden". Dein Anspruch muss also nicht sein, dein Projekt einem kleinen Kind verständlich zu machen. Bei der Beschreibung eines Bauprojektes musst du auch nicht auf die Grundlagen der Baustoffe eingehen. Durchaus interessant sind allerdings Informationen und Begründungen: Warum wurde genau dieses Grundstück gewählt? Warum sind gerade diese Mitarbeiter im Team?

Für diesen Transfernachweis ist dieser Punkt besonders wichtig. In der Praxis würde das Projekt vermutlich von Personen der gleichen Fachrichtung gelesen. Hier wird das Projekt von fachfremden Personen beurteilt. Achte also besonders darauf, Fachbegriffe zu erläutern und unübliche Abkürzungen zu vermeiden.

Prüfe also immer:
Ist das Geschriebene für einen Außenstehenden verständlich, oder muss ich zusätzliche Informationen liefern?

## Der Blick des Vorgesetzten

Dieser Punkt ist nicht nur für den Transfernachweis wichtig, sondern generell z.B. für Projektanträge in der Praxis. Besonders Fachmenschen verlieren sich häufig in langen Ausführungen zu fachlichen und technischen Details. Die Frage nach dem Warum des Projektes bleibt jedoch häufig unbeantwortet.

Mache dir bewusst, dass du irgendwo auch ein Marketingmensch sein musst, der sein Projekt verkauft. Im ersten Kapitel des Transfernachweises sollten also Antworten auf folgende Fragen zu finden sein:

- Warum sollte gerade in dieses Projekt Budget fließen?
- Wo liegt das Potenzial?
- Was haben wir davon?

Versuche, auch spätere Kapitel mit dem Auge eines Vorgesetzten zu lesen. Du wirst an vielen Stellen dein Vorgehen und Entscheidungen beschreiben. Folgenden Fragen sollten an solchen Stellen nicht unbeantwortet bleiben:

- Warum habe ich genau so gehandelt?
- Welche Auswirkung hat diese Entscheidung für das Projekt?
- Welche Auswirkung hat diese Entscheidung ggf. für das Unternehmen?

# Schlüssigkeit

An vielen Stellen dieses Transfernachweises bist du an Vorgaben gebunden. Häufig sollst du auch dein eigenes Vorgehen und deine Erfahrungen im Projekt beschreiben. Wichtig ist immer, dass alle Inhalte schlüssig zusammenpassen. Weichst du von Vorgaben ab - so begründe das. Wählst du eine andere Darstellungsform: Begründe das. Hast du gute Gründe für ein bestimmtes Vorgehen und wirkt alles in sich schlüssig, bekommst du auch keine Probleme.

Nehmen wir folgendes Beispiel:

In Kapitel 3 (Risikoanalyse) sollten keine Risiken mit einer sehr hohen Eintrittswahrscheinlichkeit behandelt werden, da diese nicht als Risiko, sondern als gegebene Rahmenbedingung gewertet werden. Nun möchtest du es aber vielleicht eben doch als Risiko behandeln - entgegen der Vorgabe. Dann kannst du das tun! Aber begründe es. Erläutere, warum du deine Entscheidung für richtig hältst. Wichtig ist, dass dein Vorgehen nachvollziehbar wird.

Solche Situationen werden bei der Erarbeitung des Transfernachweises häufig entstehen. Ein guter Indikator ist immer das Gefühl, dein Projekt zu stark „zurechtbiegen" und an die Vorgaben anpassen zu müssen. Frage dich in solchen Situationen immer:

a) Passe ich die Situation für den Transfernachweis an?
b) Oder gehe ich nach meinen Erfahrungen vor, setze es anders um und begründe es entsprechend?

Du bist hier der Projektleiter, und somit auch frei, Entscheidungen zu treffen.

Achte trotz allem darauf, dass du nicht überall und zu stark von den Vorgaben abweichst. Auch wenn es dir frei steht, eigene Erfahrungen einzubringen, sollte das Grundkonzept des Transfernachweises erhalten bleiben. Es gilt, einen guten Mittelweg zu finden.

## Leichte Erfassbarkeit

Um diesen Punkt für dich zu überprüfen, scrolle am besten durch die Arbeit oder blättere sie oberflächlich durch. Wähle dir zufällige Seiten aus, betrachte sie kurz und oberflächlich und stelle dir folgende Fragen:

a) Ist klar sichtbar, um was es auf dieser Seite geht?
b) Ist die Anordnung von Text, Grafiken und Tabellen übersichtlich?
c) Kann ich den Inhalt von Grafiken schnell erfassen? Ist eine Legende vorhanden?
d) Sind bei langen Textabschnitten Strukturierungen, wie Zwischenüberschriften, vorhanden?

Sieh es wirklich auch als eine Art Verkaufsdokument. Versuche, es ansprechend wirken zu lassen.

## Mach es dem Leser leicht

Meist umfassen Transfernachweise zwischen 40 und 60 Seiten. Assessoren lesen sehr viele dieser Arbeiten. Gehe davon aus, dass ihr Wohlwollen nicht unbedingt steigt, wenn sie oft in der Arbeit blättern müssen, um an Informationen zu gelangen, die zwar vorhanden, aber an der aktuellen Stelle nicht verfügbar sind.

Folgende Tipps erleichtern das Lesen ungemein:

- Erstelle selbsterklärende Grafiken. Jede Grafik muss über eine Legende verfügen, so dass alle Informationen an einem Platz sind.
- Bei langen Tabellen, die sich über mehrere Seiten erstrecken, sollten die Spaltenköpfe auf jeder Seite sichtbar sein.
- Vermeide, dass der Leser zu viel blättern muss. Führst du auf einer Seite z.B. Ziele mit Nummer und Name auf, so verwende die gleiche Nummerierung und Bezeichnung im gesamten Kapitel. Ein Leser sollte nicht immer hin- und herspringen müssen, um sich Informationen zu beschaffen.

# Korrekte grafische Darstellung

Dieser Punkt ist recht spezifisch für den Transfernachweis und spielt in der Praxis vermutlich nicht die allerwichtigste Rolle. In dieser Arbeit wird jedoch großen Wert auf korrekte grafische Darstellungen gelegt, insbesondere bei Grafiken, wie zum Beispiel dieser Baumstruktur:

# Die Wichtigkeit von Querbezügen

Der gesamte Transfernachweis beschreibt ein konkretes Projekt, und dieses muss in sich schlüssig sein. Zwar betrachten die einzelnen Kapitel jeweils nur einen Teilbereich des Projektes, diese stehen allerdings alle miteinander in Zusammenhang.

Schau dir die folgenden Beispiele an:

- Projektbeteiligte, die du im Projektsteckbrief aufführst, sollten auch in der Stakeholderanalyse und der Projektorganisation wieder auftauchen.
- Beschreibst du im Wahlthema 10.2 ausführlich die Bedeutung des Qualitätsmanagements, so sollten Qualitätsmanagement-Maßnahmen auch im Projektstrukturplan (Kapitel 6) vorkommen.
- Risiken, die du im Projektsteckbrief formulierst, müssen selbstverständlich auch in der Risikoanalyse (Kapitel 3) näher betrachtet werden.

Diese Beispiele wirken jetzt sehr selbstverständlich, und doch passieren hier immer wieder viele Fehler. Das liegt vermutlich auch daran, dass die Arbeit über einen langen Zeitraum geschrieben wird und die einzelnen Kapitel mit einem gewissen zeitlichen Abstand erarbeitet werden. Umso wichtiger ist es, diese Querbezüge am Ende zu kontrollieren.

Sind diese Querbezüge ungenügend oder fehlerhaft, so wirkt das Projekt schnell im Ganzen inkonsistent und wenig fachmännisch geplant. Das Ziel dieses Transfernachweises ist es jedoch, deine Kompetenz als Projektleiter nicht nur theoretisch zu erwerben, sondern auch praktisch anzuwenden. Versuche, hier sehr genau zu arbeiten. Ein in sich schlüssiges Projekt ist meines Erachtens wichtiger als die 100%ig korrekte grafische Darstellung. Dich in diesem Transfernachweis dazu zu zwingen, hilft dir auch in der Praxis weiter.

Als Hilfsmittel für dich werden im Abschnitt „Die Kapitel im Detail“ dieses Buches mögliche Querbezüge für jedes einzelne Kapitel ausführlich dargestellt.

# Guter Kapitelaufbau

Jedes Kapitel behandelt inhaltlich einen anderen Teilbereich deines Projektes. Um eine gute Mischung aus Theorie und Praxis zu erreichen, hat sich eine ähnliche Herangehensweise für die Kapitel bewährt.

An folgendem Aufbau kannst du dich orientieren:

**Theoretischer Hintergrund**

Beschreibe kurz die Theorie zum jeweiligen Thema. Warum ist dieses Thema wichtig? Warum muss ich es beachten? Welche wichtigen Begriffe sind zu klären? Welche Varianten gibt es in der Theorie?

Beispiel 1: Was sind Ziele und wofür sind sie wichtig?
Beispiel 2: Was ist ein Projektstrukturplan und welche möglichen Orientierungen gibt es?

**Praktische Vorgehensweise im Projekt**

Gehe anschließend darauf ein, wie die Theorie in der Praxis angewendet wurde.

Beispiel 1: Wie wurden die Ziele im konkreten Projekt ermittelt? Was sind die Quellen?
Beispiel 2: Welche Orientierung habe ich für meinen PSP gewählt und warum?

**Inhaltliche Bearbeitung**

Gehe hier nun ausführlich auf dein konkretes Projekt ein und erarbeite die Inhalte entsprechend der Vorgaben.

Beispiel 1: Erstelle eine Zieltabelle, eine Zielhierarchie und erläutere Zielbeziehungen.
Beispiel 2: Stelle deinen PSP grafisch und tabellarisch dar.

**Schlussfolgerungen und Erkenntnisse**

Dieser Punkt ist wichtig und unterscheidet oft eine gute von einer sehr guten Arbeit. Lasse deine erarbeiteten Inhalte nicht einfach so stehen, sondern gehe auf folgende Fragen ein:

1. Wie interpretierst du das Ergebnis?
2. Wie hat sich das Vorgehen im Projekt bewährt?
3. Welche Erkenntnisse hast du gewonnen?
4. Was würdest du zukünftig anders machen?

# Das richtige Mengengerüst

Im Rahmen dieses Transfernachweises wirst du für verschiedene Kapitel Punkte sammeln und näher erläutern müssen. Das ist der Fall bei

- Zielen
- Umfeldfaktoren
- Stakeholdern
- Risiken

Nun steht die große Frage im Raum: Wie viele sollen es denn sein? Je nach Projektgröße können schnell 50 Stakeholder zusammen kommen. Bei anderen Projekten kann es schwer sein, mehr als 3 Risiken zu formulieren.

An dieser Stelle gibt es keine feste Vorgabe. Der richtige Weg liegt irgendwo dazwischen. Als grobe Richtlinie hat sich ein Mengengerüst von 8-12 Faktoren bewährt. Darunter solltest du möglichst nicht bleiben. Auch eine Darstellung von zu vielen Faktoren gestaltet sich in einem Transfernachweis problematisch. Wer beispielsweise mehr als 20 Stakeholder oder Risiken detailliert bearbeitet, kann sowohl Zeit- als auch Platzprobleme bekommen.

# Die Kapitel im Detail

*Hol dir für jedes Kapitel detaillierte Anleitungen*

## Allgemeine Anmerkungen

In den folgenden Kapiteln werden die Gliederungsnummern verwendet, die auch im Transfernachweis verwendet werden müssen. Dies erleichtert ein Nachschlagen und zügiges Auffinden der jeweiligen Kapitel.

Alle folgenden Kapitel weisen einen einheitlichen Aufbau auf und enthalten Hinweise zu folgenden Themen:

| **Gliederungspunkt** | **Was dich erwartet** |
|---|---|
| Vorgabe | Kurze Auflistung, welche Inhalte in diesem Kapitel von dir erwartet werden |
| Inhalt dieses Kapitels | Detaillierte Erläuterung zum erwarteten Inhalt |
| Darauf musst du achten | Tipps und Hinweise, die bei der Erarbeitung dieses Kapitel zu beachten sind |
| Typische Fehlerquellen | Punkte, die häufig zu Fehlern führen und die du vermeiden solltest |
| Querbezüge | Zu beachtende Bezüge zu anderen Kapiteln des Transfernachweises |
| Gutes Vorgehen | Eine vorgeschlagene Reihenfolge zur Erarbeitung des Kapitels |
| Hol dir Bonuspunkte | Hinweis auf zusätzliche Inhalte, mit denen du Bonuspunkte erhalten kannst |

# 1 Projekt / Projektziele

## 1.1 Projektbeschreibung

*Gib einem Außenstehenden eine Übersicht über dein Projekt*

### Vorgabe

- Formular: Projektsteckbrief
- Text: Beschreibung von Projekt und Projektkontext, Angaben zur eigenen Rolle und zum Auftraggeber

### Inhalt dieses Kapitels

Dieses Kapitel ist sehr wichtig für die Hinführung zum Thema. Ein Außenstehender soll ohne Probleme erkennen können, was der Inhalt dieses Projektes ist. Dieses Kapitel besteht aus zwei Teilen:

**Der Projektsteckbrief**

Der Projektsteckbrief ist DIE Übersicht über dein Projekt. Und gleichzeitig eine Art Verkaufsseite. Hier werden kurz und knapp alle wichtigen Fakten zum Projekt aufgeführt. Auf der folgenden Seite findest du ein Beispiel für einen Projektsteckbrief.

Besonders im Steckbrief ist es wichtig, den außenstehenden Leser abzuholen. Motto: „Erklär es deiner Oma!". Soll heißen: Formuliere alle Inhalte so, dass eine wirklich außenstehende Person sie verstehen kann. Dazu gehört, dass unübliche Fachbegriffe erläutert und keine unüblichen Abkürzungen verwendet werden.

| Projekttitel | | | |
|---|---|---|---|
| Projektnummer | | | |
| Projektleitung | | | |
| Auftraggeber | | | |
| Projektnutzen | | | |
| Projektumfeld | | | |
| Projektinhalt / -ziele | | | |
| Start / Ende | | | |
| Zwischentermine | •<br>•<br>• | | |
| Aufwand (Personal) | Gesamt: | Intern: | Extern: |
| Budget | Gesamt: | Intern: | Extern: |
| Beteiligte | •<br>•<br>•<br>• | | |
| Promotoren | Macht: | Fach: | |
| Risiken | •<br>•<br>• | | |
| Unterschriften | ------------<br>Auftraggeber | ------------<br>Projektleiter | |

## Beschreibung des Projektes, des Unternehmens, der Historie und der eigenen Rolle

Dieses Kapitel besteht meist überwiegend aus Fließtext. Folgende Punkte sollten erwähnt werden:

- Angaben zum Unternehmen: Findet dein Projekt innerhalb eines Unternehmens statt, so sollte dieses näher beschrieben werden. Angaben zu Branche, Unternehmensgröße, Geschäftsfeldern usw. helfen bei der Einordnung des Projektes.
- Projekthistorie: Viele Projekte haben eine Historie. Das können beispielsweise Vorprojekte oder wenig optimale Prozesse sein. Bereits durchgeführte Maßnahmen, usw. sollten in der Projektbeschreibung erwähnt werden.

- Gründe für die Projektdurchführung: Gibt es neue Marktanforderungen? Handelt es sich um einen Kundenauftrag?
- Zielstellung des Projektes: Ohne zu sehr in die Tiefe zu gehen, sollte auch in diesem Kapitel bereits das Projektziel erwähnt werden.
- Hauptbeteiligte: Ein Überblick über die wichtigsten Beteiligten wie Auftraggeber, Kunde und sonstige wichtige Ansprechpartner ist sinnvoll.
- Die eigene Rolle: Dieses Kapitel sollte ebenfalls ein paar Ausführungen zu deiner Person enthalten. Gehe dabei sowohl auf deine beruflichen Erfahrungen ein, auf die Gründe für die Ernennung als Projektleiter, als auch auf deine Aufgaben innerhalb des Projektes.

## Darauf musst du achten

- Denke daran, dass dieser Transfernachweis von Außenstehenden gelesen und bewertet werden wird. Auch wenn innerhalb deines Unternehmens viele Dinge allen Beteiligten klar sind, sollten sie in diesem Kapitel erläutert werden.
- Der Projektsteckbrief bietet viele allgemeine Fakten zum Projekt, so dass Querbezüge zu mehreren Kapiteln zu beachten sind.
- Wähle einen einprägsamen und "knackigen" Titel, der auch in späteren Jahren noch etwas aussagt.

## Typische Fehlerquellen

- Das Projekt wird zu sehr aus der Sicht eines Insiders geschrieben. Außenstehenden fällt das Verständnis für das Projekt dann schwer.
- Die Beschreibung der eigenen Rolle wird vergessen.
- Das Projekt wird schon zu detailliert beschrieben. Eine grobe Übersicht über Beteiligte, Ziele, usw. ist für die Einordnung des Projektes sinnvoll, jedoch sollte der Großteil der Ausführungen in den jeweiligen Kapiteln erfolgen.
- Im Projektsteckbrief wird eine Projektnummer vergessen. Auf diese wird jedoch Wert gelegt.
- Der Projektsteckbrief erstreckt sich über mehr als eine Seite.
- Der Steckbrief ist schon zu detailliert. Er soll allerdings den Projektstand zum Zeitpunkt der Projektbeauftragung bzw. Definitionsphase darstellen. Budget-Angaben bis auf den letzten Euro genau sind hier genauso wenig angebracht wie konkrete Meilenstein-Termine (außer sie sind vertraglich festgelegt).

## Querbezüge

Querbezüge dieses Kapitels beziehen sich häufig auf den Projektsteckbrief. In folgenden Kapiteln sollten die Angaben wieder auftauchen:

3 Risikoanalyse
Die genannten Risiken finden sich in der Risikoanalyse wieder.
4 Projektorganisation
Die genannten Projektbeteiligten sind in der Projektorganisation enthalten.
5 Phasenplanung
Die genannten Termine finden sich in der Phasenplanung wieder.
8 Einsatzmittel-/Kostenplanung
Das Projektbudget und der prognostizierte Aufwand passen in etwa zum Projektsteckbrief. Abweichungen werden begründet.

## Gutes Vorgehen

1. Verfasse zunächst eine grobe Version des Projektsteckbriefes. Während du deinen Transfernachweis bearbeitest, wirst du ihn ohnehin an einigen Stellen noch anpassen.
2. Prüfe ganz zum Schluss, ob der Projektsteckbrief noch aktuell ist und passe ihn gegebenenfalls an.
3. Lies sowohl Steckbrief als auch Projektbeschreibung aus der Sicht eines Außenstehenden.
4. Stell dir vor, du musst dein Projekt verkaufen oder es genehmigen lassen. Formuliere die Texte entsprechend. Auch Assessoren lesen gern spannende und positiv verkaufte Projekte.

# 1.2 Zielbeschreibung / Zielhierarchie

*Erläutere Projektziele und Zielbeziehungen*

## Vorgabe

- Tabelle: Zielformulierung inklusive Zielart, Priorisierung und Messkriterium
- Baumstruktur: Zielhierarchie
- Text: Erläuterung von Zielbeziehungen
- Bonus: Zielverträglichkeitsmatrix

## Inhalt dieses Kapitels

Dieses Kapitel ist sehr umfangreich und nicht immer leicht zu erstellen. Obwohl es in der Gliederung bereits zu Beginn erscheint, bietet sich oftmals eine Erarbeitung nach der Umfeld-, Stakeholder- und Risikoanalyse an, da sich aus diesen Analysen noch weitere Ziele ableiten lassen können.

Ein ganz wichtiger Punkt in diesem Kapitel ist die SMARTe Formulierung der Ziele. Das solltest du intensiv in den Seminaren geübt haben. Ziele müssen hier sehr konkret formuliert sein und ein messbares Kriterium enthalten.

Ein weiterer wichtiger Punkt ist die Formulierung eines knackigen Projektziels. Dieses muss sowohl in der Tabelle als auch im Wurzelelement der Zielhierarchie auftauchen. Sei auch hier konkret: „Einführung eines Dokumentenmanagement-Systems" wäre zu wenig.

### Zieltabelle

Hier werden alle Ziele aufgelistet. Als Spaltenköpfe kommen zum Beispiel folgende in Frage:

- Nummer
- Kurze Zielbezeichnung (z.B. Budgeteinhaltung)
- SMARTe Zielbeschreibung (z.B. Projektkosten betragen max. 200.000€)
- Beleg für die Zielerreichung
- Zielart: Zur Unterscheidung nach verschiedenen Zielarten kannst du folgende Varianten nutzen:
  - Ergebnis- und Vorgehensziele
  - Leistungs-, Termin-, Kosten- sowie soziale Ziele
- Priorisierung: Auch hier sind unterschiedliche Varianten möglich, die auch kombiniert werden können:
  - Muss/Kann/Soll-Ziele
  - Priorisierung nach 1, 2, 3

| Nr. | Name | Beschreibung | Beleg | Zielart | Prio |
|---|---|---|---|---|---|
| | | | | | |
| | | | | | |
| | | | | | |
| | | | | | |

Zur Abgrenzung des Projektes sollten immer auch Nicht-Ziele formuliert werden.

**Baumstruktur**

Die erstellte Zieltabelle bildet die Grundlage für die Baumstruktur. Mit dem Ausfüllen der Zieltabelle hast du die inhaltliche Arbeit bereits erledigt. Die Darstellung als Baumstruktur dient nur der Visualisierung und enthält keine zusätzlichen inhaltlichen Informationen.

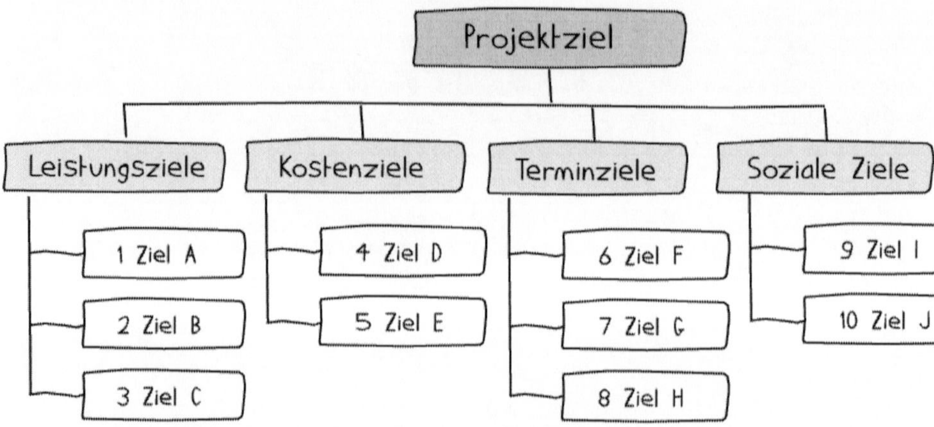


**Zielbeziehungen**

Hier schreibst du Fließtext zum Thema Zielbeziehungen. Dabei sollen zunächst allgemein alle mögliche Zielbeziehungen genannt und kurz beschrieben werden. Anschließend wählst du drei konkrete Zielbeziehungen aus deinem Projekt aus und beschreibst sie näher (z.B. konkurrierende, neutrale und identische Ziele).

## Darauf musst du achten

- Achte auf eine einheitliche Nummerierung der Ziele in Tabelle, Hierarchie-Grafik und Zielbeziehungsmatrix.

## Typische Fehlerquellen

- Ziele müssen immer SMART formuliert werden, dass Messkriterium spielt eine große Rolle.
- Vergiss nicht, Nicht-Ziele zu formulieren.

## Querbezüge

1.1 Projektbeschreibung

Im Projektsteckbrief genannte Ziele sollten auch hier wieder auftauchen.

2.2 Stakeholder (Interested Parties)

In manchen Projekten lassen sich aus der Stakeholderanalyse zusätzliche Ziele ableiten. Diese sollten dann hier auftauchen.

## Gutes Vorgehen

1. Beschreibe die Ermittlung der Ziele in deinem Projekt. Was sind Quellen für Ziele?
2. Erstelle eine Zieltabelle nach obiger Beschreibung.
3. Stelle deine Ziele hierarchisch in einer Baumstruktur dar.
4. Erläutere die Zielbeziehungen.
5. Beschreibe die Steuerung von Zielen in deinem Projekt.
6. Erstelle eine Zielbeziehungsmatrix.
7. Beschreibe kurz das Zielmonitoring im Projektverlauf.

## Hol dir Bonuspunkte

Auch in diesem Kapitel kannst du Bonuspunkte holen. Eine Zielbeziehungsmatrix enthält alle deine Ziele und trifft eine Aussage über die jeweilige Zielbeziehung. Die Matrix kann beispielhaft wie folgt aufgebaut sein.

# 2 Projektumfeld, Stakeholder

## 2.1 Projektumfeld, Umfeldfaktoren

*Betrachte das Umfeld des Projektes*

### Vorgabe

1. Grafik: Darstellung des Projektumfeldes
2. Tabelle: Schnittstellen zwischen Projekt und sachlichem Projektumfeld

### Inhalt dieses Kapitels

Viele Teilnehmer tun sich mit diesem Kapitel zunächst etwas schwer. Der Begriff „Umfeld“ ist häufig wenig griffig und wird in der Praxis oft nicht genutzt.

Ohne hier zu stark ins Detail gehen zu wollen: Zum Projektumfeld gehören alle Faktoren und Parameter, die in irgendeiner Weise auf das Projekt Einfluss nehmen. Das können rechtliche Vorgaben, bereits definierte Anforderungen, Einschränkungen, mögliche Probleme und auch beteiligte Personen(gruppen) sein.

Die gesammelten Faktoren werden in einer Grafik in der folgenden Form dargestellt:

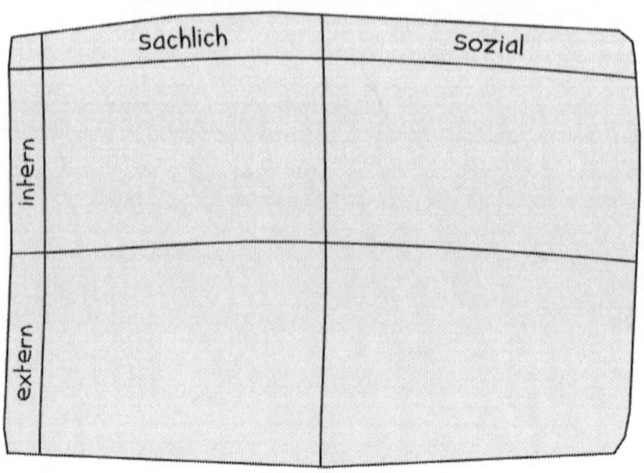


Wichtig ist eine Gliederung in sachliche und soziale Faktoren. Weiterhin muss eine Klassifizierung erfolgen in

- Interne und externe Faktoren oder
- Direkte und indirekte Faktoren

Welche der beiden Klassifizierungen du wählst, bleibt dir überlassen. Schau dir zu näheren Erläuterung die folgende Tabelle an:

| Klassifizierung | Bedeutung | Beispiel |
|---|---|---|
| Interne Faktoren | Faktoren, die innerhalb des Projektes vorliegen | Sozial: Teammitglieder<br>Sachlich: Projektbudget |
| Externe Faktoren | Faktoren, die von außen auf das Projekt wirken | Sozial: Externe Dienstleister<br>Sachlich: Bauvorschriften |
| Direkte Faktoren | Faktoren, die innerhalb des Projektes beeinflusst werden können | Sozial: Teilprojektleiter Technik<br>Sachlich: Interne Regelungen für Meetings |
| Indirekte Faktoren | Faktoren, die nicht beeinflusst werden können | Sozial: Familiäre Verpflichtungen<br>Sachlich: Klimatische Bedingungen |

Denke schon hier daran, dass soziale Umfeldfaktoren anschließend in der Stakeholderanalyse (siehe Kapitel 2.2 Stakeholder (Interested Parties)) näher betrachtet werden. Im aktuellen Kapitel Umfeldanalyse werden eher Gruppen oder anonyme Personen als soziale Faktoren benannt. Beispiele: Externe Dienstleister, Architekturbüro. Betriebsrat, Geschäftsführung.

Im nächsten Schritt nimmst du dir die sachlichen Umfeldfaktoren im Detail vor und verarbeitest diese in einer Tabelle. In dieser müssen folgende Angaben enthalten sein:

- Nummer und Name des Umfeldfaktors
- Beschreibung und Bewertung der Schnittstellen zwischen Projekt und Umfeldfaktor. Gehe hier auf die Wirkung des Faktors auf das Projekt ein. Beispiel:
    - Umfeldfaktor: Corporate Identity
    - Wirkung: In allen erstellen Dokumenten muss die Corporate Identity beachtet werden.
    - Schnittstelle: Frau Schmidt (Marketing)
- Kennzeichnung von Maßnahmen oder Risiken, die sich aus den Faktoren ergeben: Lassen sich aus bestimmten Faktoren Risiken oder Maßnahmen ableiten, so mache diese kenntlich, zum Beispiel in einer separaten Spalte.

| Nr. | Umfeld-faktor | intern/ extern | Schnittstelle zum Projekt | Ableitung von Maßnahmen | Risiko? |
|---|---|---|---|---|---|
| | | | | | |
| | | | | | |
| | | | | | |

Der Begriff der "Schnittstellen" wird unterschiedlich interpretiert. Häufig ist es sinnvoll, Personen oder Verantwortliche als Schnittstellen zu nennen, die später in der Stakeholderanalyse näher betrachtet werden. Teilweise eignen sich aber auch sachliche Bezeichnungen als Schnittstelle (z.B. „Dokument mit Vorgaben zur Corporate Identity"). Wähle hier die Interpretation, die dir für dein Projekt sinnvoll erscheint.

## Darauf musst du achten

- Achte auf eine einheitliche Nummerierung in Grafik und Tabelle.
- Alle vier Quadranten der Umfeldgrafik sollten befüllt sein.
- Alle genannten sozialen Faktoren sollten in der Stakeholderanalyse wieder auftauchen.

## Typische Fehlerquellen

- Umfeldfaktoren werden nur genannt, aber ihre Wirkung auf das Projekt nicht näher beschrieben.
- Gesetze und Normen als sachliche Faktoren werden außer Acht gelassen.
- Es wird eine Gliederung nach sachlich/sozial und eine Klassifizierung sowohl nach intern/extern als auch nach direkt/indirekt vorgenommen. Es sollte jedoch nur eine Klassifizierung gewählt werden.

## Querbezüge

1.1 Projektbeschreibung

Im Projektsteckbrief genannte Umfeldfaktoren werden auch in diesem Kapitel bearbeitet.

2.2 Stakeholder (Interested Parties)

Sowohl soziale Faktoren als auch als Schnittstellen identifizierte Personen tauchen in der Stakeholderanalyse auf.

3 Risikoanalyse

Sachliche Umfeldfaktoren sind oft Quellen von Risiken und sollten in der Risikoanalyse bearbeitet werden.

## Gutes Vorgehen

1. Beschreibe, wie du die Umfeldfaktoren ermittelt hast. Allein? Im Team? Basierend auf Erfahrungen aus anderen Projekten?
2. Stelle die Umfeldfaktoren in einer Grafik mit vier Quadranten dar.
3. Behandle die Schnittstellen zwischen Projekt und sachlichem Projektumfeld in einer Tabelle.
4. Kennzeichne und ermittle erste Maßnahmen und Risiken für die sachlichen Umfeldfaktoren

# 2.2 Stakeholder (Interested Parties)

*Ermittle Betroffene, Interessierte und Beteiligte am Projekt*

## Vorgabe

- Tabelle: Beschreibung und Bewertung der Stakeholder sowie Nennung von Maßnahmen
- Bonus: Stakeholder-Portfolio

## Inhalt dieses Kapitels

Als Stakeholder werden alle Parteien benannt, die am Projekt interessiert, beteiligt oder davon betroffen sind.

Nachdem im Rahmen der Umfeldanalyse die ersten sozialen Faktoren ermittelt wurden, werden diese nun in diesem Kapitel näher betrachtet. Die sozialen Faktoren sollten sich also an dieser Stelle wiederfinden. Der große Unterschied zum Vorkapitel liegt im Detaillierungsgrad in der Benennung der Stakeholder: Wurden zuvor Gruppierungen oder anonyme Beteiligte genannt, so solltest du hier nun so konkret wie möglich werden.

Beispiele:

| Sozialer Faktor Umfeldanalyse | Stakeholder |
|---|---|
| Betriebsrat | Herr Macher, Vorsitzender Betriebsrat |
| IT-Abteilung | Herr Kabel, Leiter IT |
| Bauamt | Herr Luft, Ansprechpartner Bauamt |

Obwohl die Vorgabe keine explizite Aussage trifft, macht sich eine grafische Darstellung der Stakeholder als Sonnenmodell oftmals sehr gut. Diese kann wie folgt aussehen:

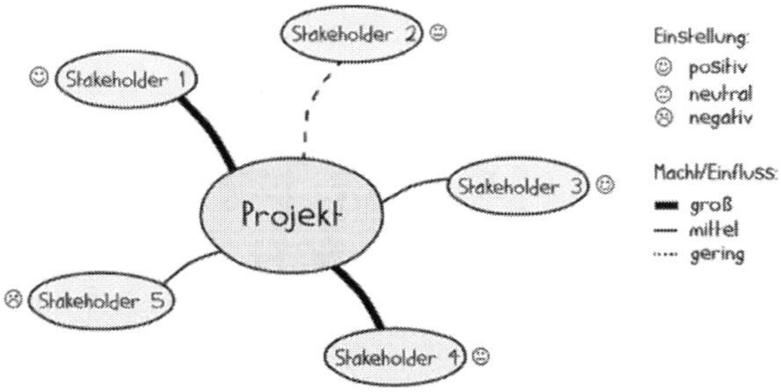


Die im Anschluss daran zu erstellende Tabelle ist häufig recht aufwändig. Und das liegt gar nicht unbedingt am komplexen Inhalten, sondern an der Vielzahl der Spalten, die auf eine Seite gepresst werden müssen. Folgende Angaben sollten in der Tabelle enthalten sein:

- Nummer
- Stakeholder-Bezeichnung
- Interessen des Stakeholders (Erwartungen an das Projekt)
- Optional: Erwartungen des Projektes an den Stakeholder
- Einstellung des Stakeholders zum Projekt (z.B. +/o/-, positiv/neutral/negativ)
- Einfluss des Stakeholders auf das Projekt (z.B. +/o/-, hoch/mittel/gering)
- Weitere Faktoren wie Betroffenheit oder Konfliktpotenzial
- Maßnahmen zur Stakeholder-Steuerung
- Verantwortlicher für die Maßnahmen
- Optional: Geschätzte Maßnahmenkosten

| Nr. | Stakeholder | Erwartungen/ Ziele | Einstellung | Einfluss | Maßnahmen | verant-wortlich |
|---|---|---|---|---|---|---|
| | | | | | | |
| | | | | | | |
| | | | | | | |

## Darauf musst du achten

- Werde möglichst konkret. Sowohl bei der Benennung der Stakeholder, als auch bei der Erarbeitung von Maßnahmen.
- Fasse bei einer hohen Anzahl von Stakeholder gleichartige Personen zu Gruppen zusammen (z.B. Projektteam: Herr Andres, Herr Meier, Frau Jahn).

## Typische Fehlerquellen

- Es werden Gruppen statt konkrete Personen benannt.
- Die Legenden an der Stakeholder-Grafik für Einstellung, Einfluss und Konfliktwahrscheinlichkeit werden vergessen.
- Es werden keine Verantwortlichen für die Maßnahmen genannt.
- Die Maßnahmen zur Stakeholder-Steuerung werden zu allgemein formuliert (z.B. „regelmäßig informieren").
- Am Stakeholder-Portfolio sollten keine Achsen mit Pfeilen vorhanden sein.
- Im Stakeholder-Portfolio sollten keine Stakeholder direkt auf den Begrenzungslinien platziert werden, sondern immer in einem der Quadranten.

## Querbezüge

1.1 Projektbeschreibung
Die im Steckbrief aufgeführten Projektbeteiligten und Promotoren sollten hier wieder auftauchen.
2.1 Projektumfeld, Umfeldfaktoren
Die sozialen Faktoren der Umfeldanalyse sollten hier näher betrachtet werden.
4.2 Kommunikation
Die Kommunikationsmatrix sollte auf allen in diesem Kapitel definierten Stakeholdern beruhen.
6 Projektstrukturplan
Umfangreiche Stakeholder-Maßnahmen sollten in der Projektstruktur berücksichtigt werden.

## Gutes Vorgehen

1. Beschreibe, wie die Stakeholder ermittelt wurden.
2. Erstelle eine Stakeholder-Grafik.
3. Erstelle eine Stakeholder-Tabelle.
4. Erstelle ein Stakeholder-Portfolio mit Wirkungspfeilen.
5. Beschreibe mögliche Stakeholder-Strategien.
6. Beschreibe kurz die Stakeholder-Steuerung im Projektverlauf.

## Hol dir Bonuspunkte

In diesem Kapitel gibt es Bonuspunkte für die Erstellung eines Stakeholder-Portfolios. Dieses ist dann besonders aussagekräftig, wenn zusätzlich zu den Stakeholdern auch Wirkungspfeile eingezeichnet werden, die die angestrebte Wirkung der ermittelten Maßnahmen darstellen.

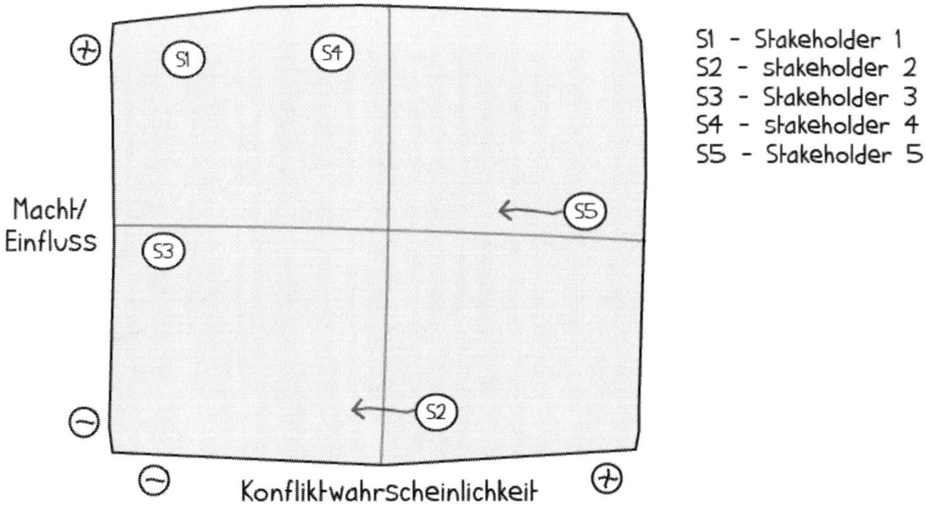


Weiterhin kannst du deine Kompetenz als Projektleiter gut hervorheben, wenn du ein paar Worte zu Stakeholderstrategien verlierst. Diese können schon in der Tabelle vermerkt, oder auch verbal im Text beschrieben sein. Du solltest hier aufpassen und auch geeignete Strategien wählen. Bei Stakeholdern mit sehr hohem Einfluss ist beispielsweise eine repressive Strategie eher nicht anzuraten.

# 3 Risikoanalyse

## 3.1 Erfassung, Klassifizierung und Beschreibung der Risiken

*Sammle und klassifiziere Risiken*

### Vorgabe

1. Text: Ermittlung der Risiken
2. Tabelle: Formulierung von Risiken sowie deren Art und Ursache

### Inhalt dieses Kapitels

Hier dreht sich nun alles um Risiken. Erfahrungsgemäß fällt die Erstellung dieses Kapitels vielen Teilnehmern recht schwer. Das liegt zum einen in der Schwierigkeit, Risiken sauber zu formulieren, und andererseits in der aufwändigen Erstellung der Tabelle in Kapitel 3.2. Aber dazu später.

In Kapitel 3.1 geht es zunächst einmal um die Sammlung der Risiken. Beschreibe, wie die Risiken in deinem Projekt ermittelt wurden. Stelle die gesammelten Risiken anschließend in einer Tabelle dar, die folgende Informationen enthalten muss:

- Nummer
- Kurze Bezeichnung des Risikos
- Genauere Beschreibung des Risikos
- Risikoursache
- Risikoklasse oder Risikoart (zum Beispiel technische, terminliche, politische, wirtschaftliche und Ressourcen-Risiken)

| Nr. | Risiko | Beschreibung | Ursache | Risiko-Klasse |
|---|---|---|---|---|
| | | | | |
| | | | | |
| | | | | |
| | | | | |

Zur Hilfe und Unterstützung bei der Formulierung von Risiken bietet sich das folgende Format an, das zur Prüfung aller Risiken eingesetzt werden kann:

Wegen der **<Ursache>** kann das **<Risiko>** auftreten, welches dann diese **<Auswirkung>** haben wird.

## Darauf musst du achten

- Die Klassifizierung der Risiken erfolgt nicht nach der Auswirkung, sondern nach der Ursache. Beispiel: Wird aufgrund fehlerhafter Hardware das Projektbudget überzogen, so handelt es sich nicht um ein finanzielles Risiko, sondern um ein technologisches.
- Es bieten sich oft Risiken an, die außerhalb des Projektes liegen und nicht vom Projekt oder dem Projektteam direkt beeinflusst werden können.
- Stelle dir für die saubere Formulierung der Risiken folgende Fragen:
    - □ Handelt es sich um ein unvorhergesehenes Ereignis?
    - □ Oder ist es vielleicht eher eine Rahmenbedingung, die schon jetzt feststeht?
- Vermeide möglichst Risiken, die aufgrund von Planungsfehlern des Projektes entstehen. Die korrekte Projektplanung ist immerhin deine Aufgabe.
- Jedes Risiko sollte nur eine Ursache aufweisen. Werden mehrere Ursachen genannt, so müssen in Kapitel 3.2 pro Ursache Maßnahmen abgeleitet werden.

## Typische Fehlerquellen

- Häufig sind die genannten Ursachen die eigentlichen Risiken. Beispiel: Risiko „Budgetüberschreitung“. Ursache „Bauteile fallen aus“. Hier wird deutlich, dass „Bauteile fallen aus“ das eigentliche Risiko ist, welches als Auswirkung zu einer Budgetüberschreitung führt.
- Die Einordnung der Risiken erfolgt immer nach ihrer Ursache, nicht nach ihrer Auswirkung.
- Das häufig genannte Risiko „Verzögerung“ ist kein geeignetes Risiko. Ebenso wie eine „Budgetüberschreitung“ ist die „Verzögerung“ lediglich eine Auswirkung von etwas, was zuvor schief gelaufen ist. Versuche immer, dem eigentlichen „unvorhersehbaren Ereignis“ auf die Spur zu kommen.

## Querbezüge

1.1 Projektbeschreibung

Die im Projektsteckbrief genannten Risiken müssen hier wieder auftauchen.

## Gutes Vorgehen

1. Beschreibe, wie die Risiken in deinem Projekt ermittelt wurden.
2. Erstelle eine Tabelle mit Risiken, deren Art und Ursache.

# 3.2 Quantitative Bewertung der Risiken und Maßnahmen zur Risikobegegnung

*Bewerte Risiken und definiere Maßnahmen*

## Vorgabe

1. Tabelle: Bewertung der Risiken und deren Maßnahmen
2. Bonus: Grafische Darstellung eines Risikoportfolios
3. Bonus: Ermittlung des Risikobudgets

## Inhalt dieses Kapitels

Dieses Kapitel macht den wenigsten Teilnehmern großen Spaß. Das liegt an einer sehr umfangreichen Tabelle, die

a) inhaltlich aufwändig und
b) sehr sperrig und schwierig zu formatieren ist.

Die Tabelle gliedert sich in drei Hauptbestandteile, die nachfolgend näher beschrieben werden:

**1. Risikobeschreibung und Bewertung**

Der erste Teil beschreibt den Ist-Stand, bevor Maßnahmen zur Risikobegegnung ergriffen werden. Es werden folgende Informationen aufgeführt:

- Nummer
- Risikobezeichnung
- Risikoursache
- Schaden (verbal beschrieben)
- Eintrittswahrscheinlichkeit (EW) in %
- Tragweite (TW) in €
- Ermittlung des Risikowertes in €: EW x TW

| Nr. | Risiko | EW in % | TW in € | Risiko-wert | Ursache | Schaden | ... |
|---|---|---|---|---|---|---|---|
| | | | | | | | |
| | | | | | | | |
| | | | | | | | |

Besonders Risikobezeichnung und Ursache wurden bereits in Kapitel 3.1 aufgeführt. Es ist jedoch trotz des beschränkten Platzes sinnvoll, beide Spalten erneut in diese Tabelle einzufügen, da so die Bewertung und die Korrektheit der Maßnahmen am besten beurteilt werden kann.

**2. Definition von Maßnahmen**

Pro Risiko werden anschließend präventive und korrektive Maßnahmen definiert, beide werden außerdem mit Kosten bewertet. Anschließend erfolgt eine Entscheidung, welche Maßnahme im Projekt durchgeführt wird. Willst du es genau machen, so füge noch Verantwortliche für die Maßnahmen hinzu.

| ... | Maßnahmen | | | | Entscheidung für | Kosten | ... |
|---|---|---|---|---|---|---|---|
| | präventiv | € | korrektiv | € | | | |
| | | | | | | | |
| | | | | | | | |
| | | | | | | | |

**3. Neubewertung der Risiken**

Die Ergreifung von Maßnahmen kann sich sowohl auf die Eintrittswahrscheinlichkeit als auch auf die Tragweite/den Schaden auswirken. Daher erfolgt im dritten Schritt eine Neubewertung in drei Spalten:

- Eintrittswahrscheinlichkeit neu in %
- Tragweite neu in €
- Risikowert neu in €

| ... | EW neu in % | TW neu in € | Risikowert neu |
|---|---|---|---|
| | | | |
| | | | |
| | | | |

Wurde diese Tabelle erstellt, ist ein Großteil der Arbeit erledigt - Glückwunsch! Nun folgen nur noch kleine Schritte:

- Ermittle den gesamten Risikowert des Projektes vor/nach Maßnahmen durch Summierung der Risikowerte alt/neu aller Risiken.
- Ermittle das Projektrisiko im Verhältnis zum Projektbudget.
    - Vor Maßnahmen: Prozentualer Anteil des Gesamt-Risikowertes am Projektbudget
    - Nach Maßnahmen: Prozentueller Anteil von Gesamt-Risikowert + Maßnahmenkosten am Projektbudget

Wenn alles richtig ist, konntest du den Anteil des Projektrisikos am Projektbudget durch Ergreifung geeigneter Maßnahmen deutlich senken.

## Darauf musst du achten

- Risiken mit einer hohen Eintrittswahrscheinlichkeit (>40%) gelten nicht mehr als Risiko, sondern als gegebene Rahmenbedingung. Diese müssten in der Umfeldanalyse behandelt und von dort Maßnahmen abgeleitet werden.
- Die präventive Maßnahme muss sich auf die Ursache, die korrektive auf den Schaden beziehen.

## Typische Fehlerquellen

- Der Schaden soll nicht nur monetär bewertet, sondern auch verbal beschrieben werden.
- Ist am Ende der Anteil des Risikos am Projektbudget nicht gesunken, sollte die Risikoanalyse noch einmal komplett geprüft werden.
- Werden für ein Risiko mehrere Ursachen genannt, so müssen auch mehrere präventive Maßnahmen abgeleitet werden.

## Querbezüge

2.1 Projektumfeld, Umfeldfaktoren

Risiken, die eine sehr hohe Eintrittswahrscheinlichkeit aufweisen, sollten nicht als Risiko, sondern als gegebene Tatsache, und damit als Umfeldfaktor, in der Umfeldanalyse betrachtet werden.

3.1 Erfassung, Klassifizierung und Beschreibung der Risiken

Die genannten Risiken müssen in Nummerierung und Bezeichnung mit denen in Kapitel 3.1 übereinstimmen.

8.2 Projektkosten

Die Summe aller Risikomaßnahmen sollte in der Kostenplanung berücksichtigt werden.

## Gutes Vorgehen

1. Übertrage die Risiken aus Kapitel 3.1 in eine weitere Risikotabelle.
2. Führe eine Bewertung der Risiken durch.
3. Formuliere mögliche Schäden und geeignete Maßnahmen.
4. Führe eine weitere Bewertung nach Entscheidung für Maßnahmen durch.
5. Ermittle den Anteil der Risikokosten am Projektbudget vor/nach Maßnahmen.
6. Erstelle ein Risikoportfolio.
7. Ermittle das Risikobudget.

8. Beschreibe kurz, wie Risikomonitoring im Projekt betrieben wird.
9. Nenne mögliche Chancen des Projektes.

## Hol dir Bonuspunkte

Dieses Kapitel bietet wieder das Sammeln von Bonuspunkten. Ordne deine Risiken in einem Risikoportfolio an. Es sollte auf einen Blick schnell sichtbar werden, welche Risiken kritisch (hohe EW und TW), und welche eher vernachlässigbar (niedrige EW und TW) sind.

Die Erstellung eines Portfolios bietet auch gute Möglichkeiten zur Interpretation der Risikosituation im Projekt. Anhand der Grafik kannst du gut beschreiben, mit welchen Strategien welche Risiken behandelt werden. Ganz besonders großartig sind zwei Portfolios: Diese zeigen die Risiken vor und nach Ergreifung der Maßnahmen. Im Vergleich kannst du so schön darstellen, welche Auswirkung die Maßnahmen auf das Projektrisiko haben.

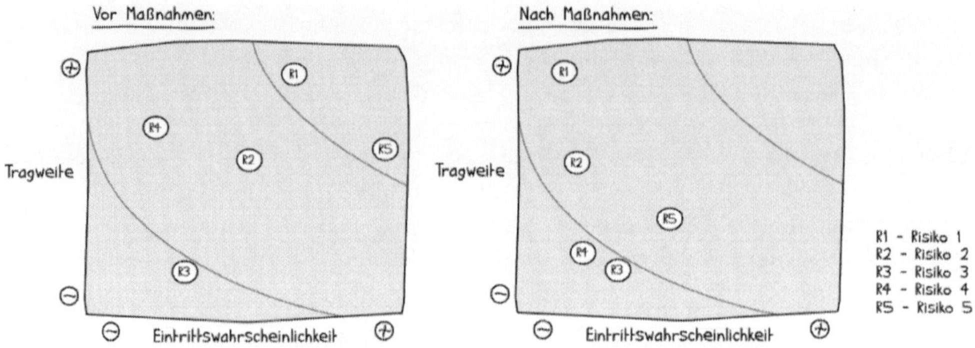


Die optionale Berechnung des Risikobudgets ergibt sich aus dem Risikowert nach Ergreifung von Maßnahmen plus der Maßnahmenkosten.

Wo Risiken sind, da sind auch Chancen. Obwohl nirgends explizit erwähnt, rundet das Nennen von Chancen im Projekt dieses Kapitel ganz wunderbar ab.

# 4 Projektorganisation

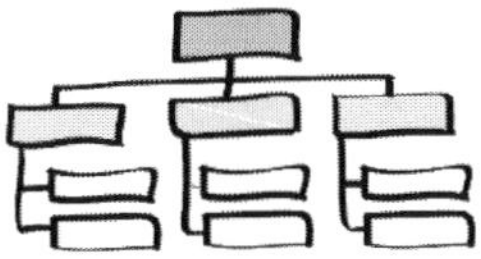

## 4.1 Organisationsform des Projektes

*Beschreibe die Organisation deines Projektes*

### Vorgabe

1. Text: Wahl der Organisationsform
2. Grafik: Darstellung des Organigramms der Stammorganisation
3. Grafik: Darstellung des Organigramms der Projektorganisation
4. Tabelle: Teamliste

### Inhalt dieses Kapitels

**Wahl der Organisationsform**

Verfasse zunächst einen allgemeinen Text zum Thema Organisationsformen. Hierbei musst du nicht allzu sehr in die Tiefe gehen. Eine Nennung der möglichen Organisationsformen ist ausreichend. Gegebenenfalls können noch Vor- und Nachteile aufgeführt werden.

Wichtiger ist der Bezug auf das konkrete Projekt. Welche Organisationsform wurde gewählt und aus welchem Grund?

**Organigramm Stammorganisation**

Erstelle zunächst ein Organigramm der Organisation, in der das Projekt stattfindet und beschreibe kurz deren Aufbau. Das kann beispielsweise ein Unternehmen, ein Verein oder eine sonstige Organisation sein. Erarbeitest du ein privates Projekt oder liegt aus anderen Gründen keine Stammorganisation vor, so fällt dieser Punkt entsprechend weg. Allerdings solltest du trotzdem begründen, warum du auf die Darstellung der Stammorganisation verzichtest.

Wenn du Glück hast, existiert in deinem Unternehmen bereits ein Organigramm, das du einfach für den Transfernachweis verwenden kannst.

Im Organigramm sollten alle Projektbeteiligten farblich hervorgehoben werden.

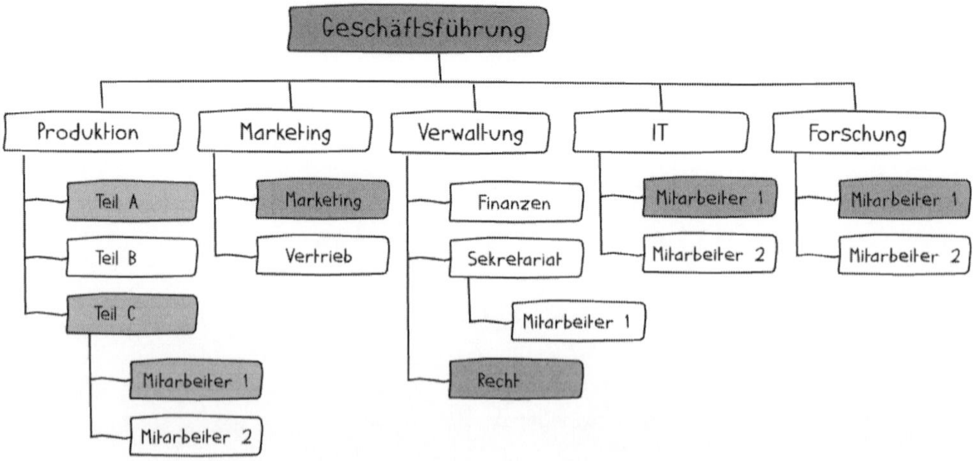


**Organigramm Projektorganisation**

Das Projektorganigramm bereitet den meisten Teilnehmern mehr Probleme. Dabei ist auch dies kein Hexenwerk. Folgendes Vorgehen hat sich als sinnvoll erwiesen:

1. Setze den Projektleiter in das Wurzelelement.
2. Führe auf der zweiten Ebene Teilprojektleiter auf.
3. In den Ebenen darunter ordnest du die Ressourcen entsprechend der Teilprojekte zu.
4. Für externe Partner kann ein eigener Zweig angelegt werden, oder sie werden den Teilprojekten zugeordnet. Eine Kennzeichnung (z.B. farbliche Hervorhebung) kann hier sinnvoll sein.

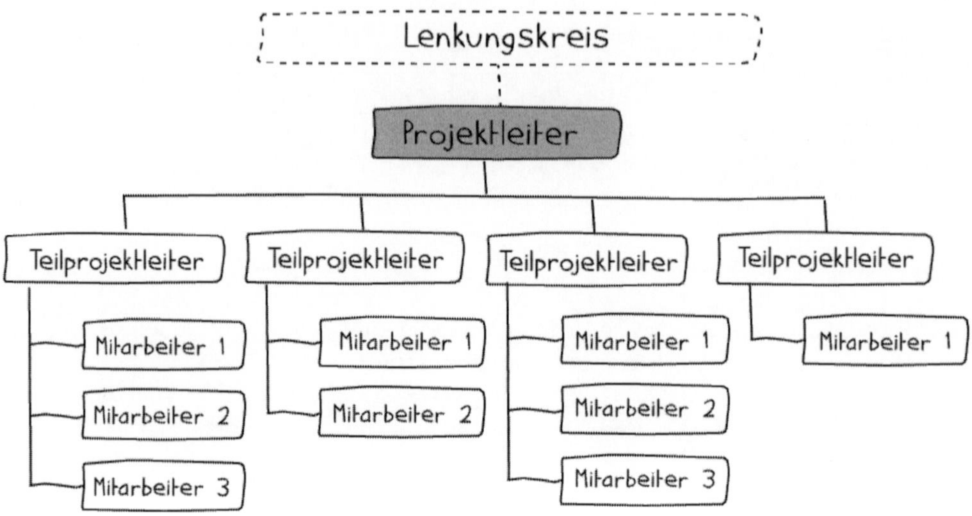

Für komplexe Projekte kann auch eine weitere Unterscheidung in ein Kern- und/oder erweitertes Projektteam getroffen werden. Dies ist jedoch optional.

**Teamliste**

Dieser Teil ist nun wieder recht einfach und wenig aufwändig. Er besteht aus einer Tabelle mit folgendem Inhalt:

- Projektbeteiligter
- Rolle im Projekt
- Aufgaben im Projekt
- Befugnisse und Kompetenzen im Projekt
- Verantwortung

| Rolle | Name | Qualifikation | Aufgaben, Befugnisse | Verantwortung |
|---|---|---|---|---|
| | | | | |
| | | | | |
| | | | | |

Optional können hier auch Kontaktdaten oder die Position in der Unternehmensorganisation erwähnt werden. Beide Angaben sind allerdings optional.

## Darauf musst du achten

- Achte auf Übersichtlichkeit und schnelle Erfassbarkeit der Organigramme. Besonders Projekte, die in komplexen Konzernstrukturen stattfinden, bekommen hier häufig Probleme. Fasse lieber etwas zusammen, als z.B. mehrere Unternehmensorganigramme verschiedener Ebenen darzustellen.

## Typische Fehlerquellen

- Im Projektorganigramm muss der Projektleiter im Wurzelelement erscheinen. Dort gehören weder der Auftraggeber noch die Geschäftsführung usw. hin.
- Der Lenkungskreis darf nicht als Stabsstelle im Projektorganigramm eingezeichnet werden.
- In Organigrammen dürfen Kästchen nicht mit Pfeilen verbunden werden, ausschließlich mit Linien.

## Querbezüge

1.1 Projektbeschreibung

Die im Steckbrief genannten Projektbeteiligten sollten auch in diesem Kapitel auftauchen.

8.1 Einsatzmittelbedarf / Einsatzmittelplan

Die hier genannten Teammitglieder sollten zum Ressourcenpool in Kapitel 8.1 passen.

## Gutes Vorgehen

1. Erstelle ein Organigramm der Stammorganisation des Unternehmens
2. Beschreibe die Organisationsform deines Projektes und warum diese Form gewählt wurde.
3. Erstelle ein Organigramm der Projektorganisation.
4. Erstelle eine Teamliste.

# 4.2 Kommunikation

*Beschreibe Kommunikation und Eskalationswege im Projekt*

## Vorgabe

1. Text und Grafik: Beschreibung eines Kommunikationsmodells
2. Text: Regelkommunikation im Projekt
3. Tabelle: Kommunikationsmatrix

## Inhalt dieses Kapitels

Dieses Kapitel ist im Gegensatz zu vielen anderen recht textlastig. Insgesamt fällt es den meisten Teilnehmern leicht, da die Thematik wenig komplex ist.

**Beschreibung eines Kommunikationsmodells**

Wähle ein Kommunikationsmodell aus und beschreibe es zunächst theoretisch. Beispiele können sein:

- Eisbergmodell
- 4-Ohren-Modell
- Johari-Modell

Stelle das Modell zusätzlich grafisch dar. Anschließend wähle eine beliebige Situation im Projekt aus und erläutere sie anhand des Modells. Werde hier möglichst konkret.

**Regelkommunikation im Projekt**

In diesem Abschnitt bist du relativ frei in deinen Ausführungen. Beschreibe, wie die Kommunikation in deinem Projekt abläuft. Gehe dabei auf folgende Punkte ein:

1. Spielregeln: Wurden für die allgemeine Kommunikation im Team Spielregeln vereinbart? Wie lauten diese? Wie haben sie sich bewährt? Gibt es besondere Regeln für Meetings?
2. Eskalationswege: Findet Kommunikation hierarchisch statt? Was passiert bei Unklarheiten? Wer redet mit wem? Dieser Punkt lässt sich am besten in einer Grafik oder Tabelle darstellen.
3. Sonstige Kommunikations-Richtlinien: Wird beispielsweise ein bestimmter E-Mail-Betreff benutzt? Gibt es bestimmte Dateiablagen? Sonstige virtuelle Kommunikationswege, die bereits organisiert sind?

**Kommunikationsmatrix**

Schließlich erstellst du eine Kommunikationsmatrix. Die Basis sind die Stakeholder aus Kapitel 2.2. Füge diese in eine Tabelle ein und definiere, wie mit ihnen im Projekt kommuniziert wird. Einige der Kommunikationswege hast du vermutlich schon in Kapitel 2.2 unter Maßnahmen erarbeitet. Die Tabelle könnte folgende Spalten besitzen:

- Nummer des Stakeholders
- Bezeichnung des Stakeholders
- Wer informiert? (Verantwortlicher)
- Wer ist sonst beteiligt?
- Wann oder in welchem Rhythmus wird informiert?
- In welcher Form? (E-Mail, telefonisch, Jour Fixe, …)
- Mit welchem Inhalt?

| Nr. | Stakeholder | Wer informiert? | Wann? | Form | Inhalt |
|---|---|---|---|---|---|
| | | | | | |
| | | | | | |
| | | | | | |

# Darauf musst du achten

- Versuche, möglichst praxisnah und projektbezogen zu schreiben.
- Achte auf eine einheitliche Nummerierung der Stakeholder in Kapitel 2.2 und in der Kommunikationsmatrix dieses Kapitels.

# Typische Fehlerquellen

- Das Kommunikationsmodell darf nicht nur theoretisch erläutert werden.
- Die Kommunikationsmatrix muss sich auf alle Stakeholder beziehen, nicht nur auf das Projektteam intern.

# Querbezüge

2.2 Stakeholder (Interested Parties)

In der Kommunikationsmatrix dieses Kapitels muss auf alle Stakeholder aus Kapitel 2.2 eingegangen werden.

## Gutes Vorgehen

1. Beschreibe kurz die Bedeutung des Themas Kommunikation im Projekt.
2. Erläutere ein Kommunikationsmodell theoretisch und anhand eines praktischen Beispiels.
3. Beschreibe die Spielregeln für die Kommunikation im Projekt.
4. Erläutere die Eskalationswege im Projekt.
5. Erstelle eine Kommunikationsmatrix.

# 5 Phasenplanung

## 5.1 Beschreibung der Projektphasen und der Meilensteine

*Ermittle Phasen und Meilensteine deines Projektes*

## Vorgabe

1. Text: Beschreibung der Herkunft der Phasen
2. Tabelle oder Text: Beschreibung der Phasen
3. Tabelle: Beschreibung der Meilensteine
4. Bonus: Angabe eines groben Aufwandes

## Inhalt dieses Kapitels

### Herkunft der Phasen

Findet dein Projekt innerhalb eines Unternehmens statt, das über feste Vorgehensmodelle verfügt, hast du es hier einfach. Ist das nicht der Fall, dann begründe, warum du dein Projekt in diese Phasen gegliedert hast. Begründung können allgemeine Vorgehensmodelle oder gute Erfahrungen aus vorhergegangenen Projekten sein.

### Beschreibung der Phasen

Es gibt hier keine Vorgabe, ob du deine Phasen als Text oder in einer Tabelle beschreibst. In jedem Fall sollten zu jeder Projektphase folgende Informationen erarbeitet werden:

- Nummer der Phase
- Bezeichnung der Phase
- Wesentliche Aktivitäten, Inhalte - Was wird getan?
- Ziele - Was soll erreicht werden?
- Grobe Dauer
- Optional: Grober Aufwand

| Nr. | Phase | Aktivitäten | Ziele | Grobe Dauer | Grober Aufwand |
|---|---|---|---|---|---|
| | | | | | |
| | | | | | |
| | | | | | |

**Beschreibung der Meilensteine**

Nach der Ausformulierung der Projektphasen sind die Meilensteine an der Reihe. Nutze hier eine Tabelle, die folgende Informationen enthält:

- Nummer des Meilensteins (beginnend mit M0)
- Bezeichnung des Meilensteins
- Ergebnis des Meilensteins
- Beleg für die Erreichung des Meilensteins
- Grobes Datum

| Nr. | Meilenstein | Ergebnis | Beleg | Grobes Datum |
|---|---|---|---|---|
| | | | | |
| | | | | |
| | | | | |

In manchen Projekten ist der Projektstart noch nicht klar definiert, so dass eine Zeitangabe in der konkreten Form „Ende November 2014" nicht möglich ist. In diesem Fall kann auch die Variante „Projektstart + 4 Monate" gewählt werden.

Bietet es sich in deinem Projekt an, auch Verantwortliche oder Entscheidungsträger pro Meilenstein zu definieren, dann ist das natürlich auch erlaubt.

## Darauf musst du achten

- Beachte immer, dass die Phasenplanung noch während der Grobplanung erstellt wird. Feste Termine sollten hier nur in Ausnahmefällen verwendet werden (z.B. wenn sie vertraglich festgelegt sind). Besser sind grobe Zeitangaben, z.B. „Ende November 2014". Die gleiche Regelung gilt für die Formulierung von Dauern (z.B. „ca. 4 Wochen" statt „29 Tage").
- Achte auf eine korrekte Formulierung von Meilensteinen. Benenne konkret den Prüfpunkt. Beispiel: „Kick-Off-Meeting durchgeführt" statt „Kick-Off".
- Definiere hier noch nicht zu viele Meilensteine, sondern wirklich nur die in der Grobplanung relevanten. In der Feinplanung kannst du später noch weitere Meilensteine einfügen.

## Typische Fehlerquellen

- Start- und Endmeilensteine des Projektes dürfen nicht vergessen werden.
- Der erste Meilenstein soll immer mit M0 bezeichnet werden.
- Konkrete und feste Termine wirklich nur nennen, wenn sie vertraglich vereinbart sind.

## Querbezüge

1.1 Projektbeschreibung

Die Terminangaben im Projektsteckbrief sollten mit denen in diesem Kapitel übereinstimmen.

7 Ablauf- und Terminplanung

Auch wenn Kapitel 7 zur Feinplanung gehört und sich hier Details noch ändern können, sollten die Termine und Zeitdauern der Phasen in etwa konsistent sein.

## Gutes Vorgehen

1. Beschreibe, warum das Phasenmodell gewählt wurde.
2. Beschreibe die Projektphasen näher.
3. Erstelle eine Tabelle mit allen Meilensteinen.

## Hol dir Bonuspunkte

Die hier beschriebenen Bonuspunkte können laut Vorgabe eigentlich erst im Kapitel 5.2 erreicht werden. Dort erhältst du zusätzliche Punkte, wenn du pro Phase neben der groben Dauer auch bereits einen groben Aufwand abschätzt. Hierfür hat es sich als sinnvoll erweisen, bereits hier in Kapitel 5.1 eine Spalte „grober Aufwand“ in die Phasentabelle mit aufzunehmen.

# 5.2 Veranschaulichung der Projektphasen

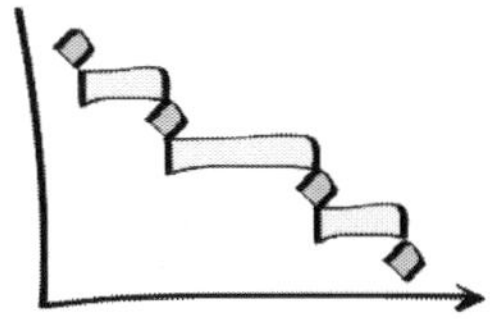

*Stelle Phasen und Meilensteine in einer Grafik dar*

## Vorgabe

1. Grafik: Darstellung der Projektphasen
2. Bonus: Darstellung des Aufwandes über die Zeitachse

## Inhalt dieses Kapitels

Schreibfaule Teilnehmer haben es in diesem Kapitel leicht. Hier reicht das Einfügen einer Grafik aus. Sie kann, muss aber nicht kommentiert werden. Die Beschreibung der Projektphasen geschieht schon vorher im Kapitel 5.1.

Füge eine Grafik ein, die auf einen Blick folgende Informationen bietet:

- Welche Projektphasen sind vorhanden?
- Wird eine Anstoß- oder überlappende Planung durchgeführt?
- Welche Meilensteine hat das Projekt?
- In welchem Zeitraum verläuft das Projekt?

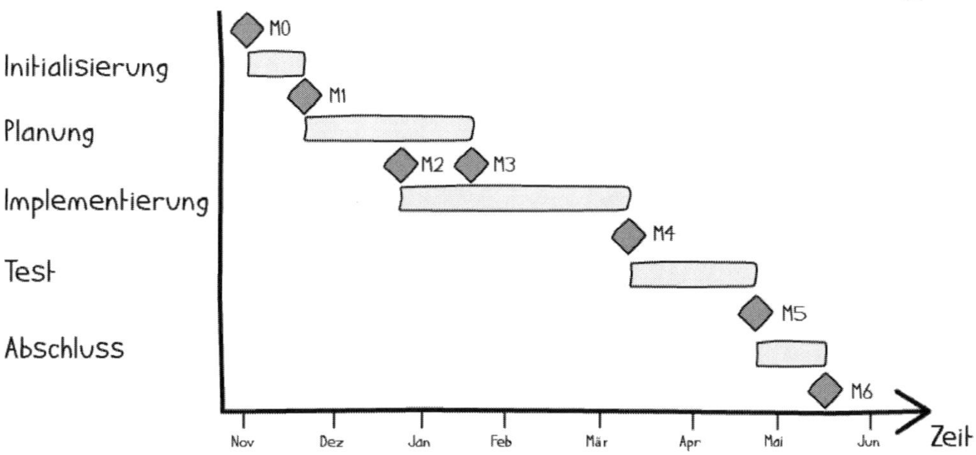

## Darauf musst du achten

- Die Dauer der Phasen sollte auch in der Grafik sichtbar sein. Balken oder Kästchen gleicher Größe für jede Phase eignen sich nicht.
- Die Bezeichnungen sowohl für Meilensteine als auch für Phasen müssen sichtbar sein.
- Projektphasen müssen immer einen klaren Startpunkt haben. Besonders bei überlappender Planung werden häufig Startmeilensteine für Phasen vergessen.
- Die Zeitachse sollte möglichst in absoluten statt relativen Zeitangaben gegliedert sein (z.B. „November 2014" statt „Monat 3).
- Phasen, die länger als 50% des Gesamtprojektes sind, werden nicht gern gesehen. Besser ist es, diese dann zu splitten.

## Typische Fehlerquellen

- Phasen sollten immer als Balken, und nicht als Pfeil, dargestellt werden.

## Querbezüge

1.1 Projektbeschreibung

Die Terminangaben im Projektsteckbrief sollten mit denen in diesem Kapitel übereinstimmen.

5.1 Beschreibung der Projektphasen und der Meilensteine

Obwohl dieser Bezug klar sein sollte: Häufig kommt es vor, dass die beiden Kapitel der Phasenplanung nicht konsistent sind.

7 Ablauf- und Terminplanung

Auch wenn Kapitel 7 zur Feinplanung gehört und sich hier Details noch ändern können, sollten die Termine und Dauern der Phasen in etwa konsistent sein.

## Gutes Vorgehen

1. Erstelle eine grafische Darstellung deiner Projektphasen.

## Hol dir Bonuspunkte

Wie bereits in Kapitel 5.1 beschrieben, kannst du dir in diesem Kapitel Bonuspunkte holen. Stelle neben den Phasen und Meilensteinen auch den groben Aufwand pro Phase in der Grafik dar.

# 6 Projektstrukturplan

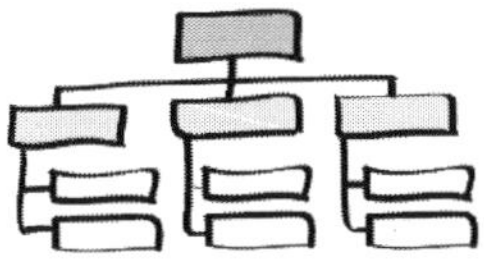

## 6.1 Darstellung und Codierung des PSP

*Erarbeite deinen Projektstrukturplan*

## Vorgabe

1. Text: Beschreibung und Begründung der gewählten Orientierung
2. Grafik: Grafische Darstellung des Projektstrukturplans
3. Tabelle: Tabellarische Darstellung des Projektstrukturplans

## Inhalt dieses Kapitels

Dieses Kapitel mit der Erarbeitung des Projektstrukturplans (abgekürzt PSP) ist außerordentlich wichtig. Fehler hier wirken sich in den folgenden Kapiteln gravierend aus. Dass der PSP auch als „Mutter aller Pläne" bezeichnet wird, zeigt sich auch in diesem Transfernachweis. Korrekturen führen zu einer Kettenreaktion an Korrekturen in den Kapiteln 7 und 8. Du solltest hier also sehr genau vorgehen und den PSP eingehend prüfen (lassen), bevor du die weiteren Kapitel bearbeitest.

**Beschreibung und Begründung der Orientierung**

Beschreibe hier genau, welche Orientierung du für deinen PSP gewählt hast und aus welchem Grund er so aufgebaut ist. Beschreibe auch bei gemischtorientierten PSP´s genau, welche Orientierung auf welcher Strukturierungsebene verwendet wurde.

Beispiel:

1. Ebene: Phasenorientierung
Arbeitspaket-Ebene: Funktionsorientierung

**Grafische Darstellung des PSP**

Stelle den PSP hier grafisch als Baumstruktur dar. Das Wurzelelement beinhaltet die Projektnummer, den Wurzel-PSP-Code sowie die Projektbezeichnung. Auf den folgenden Ebenen wird das Projekt in Teilprojekte, Teilaufgaben und Arbeitspakete untergliedert.

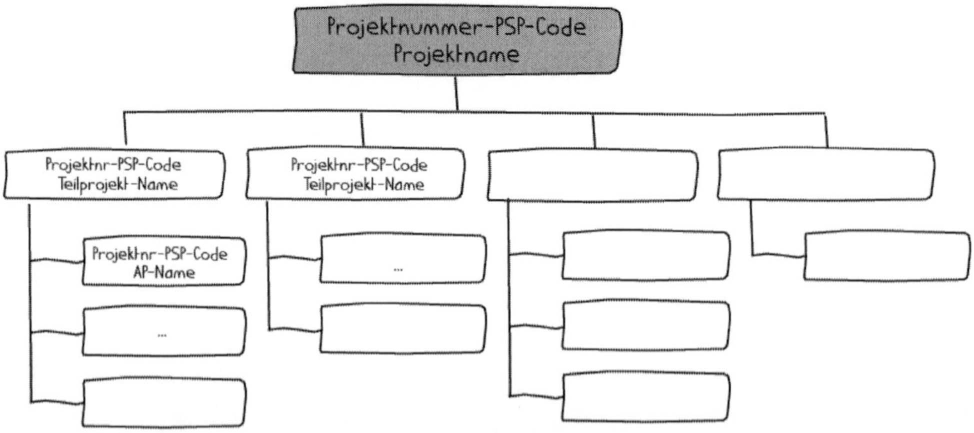


Wichtig ist eine genaue Einhaltung der gewählten Orientierung. Inkonsistente Nutzung von Arbeitspaket-Bezeichnungen (z.B. „Lastenheft“ (objektorientiert) und „Bauteil konstruieren“ (funktionsorientiert) führt zu Punktabzug.

Denke daran, auch Projektmanagement-Aufgaben im PSP aufzuführen. Diese werden üblicherweise in einem eigenen Zweig dargestellt.

**Tabellarische Darstellung des PSP**

Wurde der PSP einmal grafisch dargestellt, ist diese Tabelle ein Kinderspiel. Vermutlich ist die Tabelle sogar als Erstes vorhanden und wurde mit einer Projektmanagement-Software erstellt. Die Tabelle muss nur zwei Spalten enthalten: PSP-Code und Bezeichnung des PSP-Elements.

| PSP-Code | PSP-Element-Bezeichnung |
| --- | --- |
| | |
| | |
| | |

## Darauf musst du achten

- Die Projektnummer muss im Wurzelelement erscheinen. Idealerweise wird sie auch in allen anderen Elementen als „Familienname“ des Elements genutzt.
- Wie schon erwähnt: Die einheitliche und konsistente Orientierung im PSP ist ein wichtiger Punkt bei der Bewertung.
- Wird als Orientierung eine Phasenorientierung genannt, so gilt diese üblicherweise nur für die Ebene unter dem Wurzelelement. Tiefer liegende Arbeitspakete müssen dann wieder objekt- oder funktionsorientiert benannt werden.

## Typische Fehlerquellen

- Im Wurzelelement darf die Projektnummer nicht fehlen.
- Auf einer Strukturierungsebene muss die Formulierung und Orientierung der Arbeitspakete einheitlich sein.
- Im PSP dürfen keine Meilensteine enthalten sein.
- Die PSP-Codes müssen durchgängig und ohne Lücken nummeriert sein.
- Es ist auf eine korrekte grafische Darstellung zu achten:

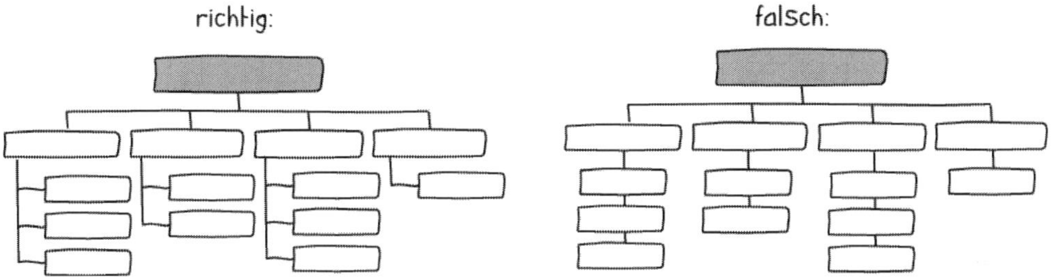


## Querbezüge

1.1 Projektbeschreibung

Die im Projektsteckbrief definierte Projektnummer muss im PSP auftauchen.

2.2 Stakeholder (Interested Parties)

Umfangreiche Maßnahmen aus der Stakeholderanalyse sollten im PSP auftauchen.

3 Risikoanalyse

Wurden im Rahmen der Risikoanalyse umfangreiche Maßnahmen definiert, sollten diese ebenfalls im PSP erscheinen.

5 Phasenplanung

Falls ein phasenorientierter PSP gezeigt wird, müssen die Phasen mit denen aus Kapitel 5 übereinstimmen.

7 Ablauf- und Terminplanung

Teilprojekte, Teilaufgaben und Arbeitspakete finden sich hier wieder.

8 Einsatzmittel-/Kostenplanung

Auch die Tabellen für die Einsatzmittel- und Kostenplanung basieren auf dem PSP.

## Gutes Vorgehen

1. Beschreibe das Vorgehen zur Erstellung des PSP.
2. Beschreibe und begründe die gewählte Orientierung.
3. Füge den PSP als Grafik ein.
4. Füge den PSP als Tabelle ein.

# 6.2 Arbeitspaketbeschreibung

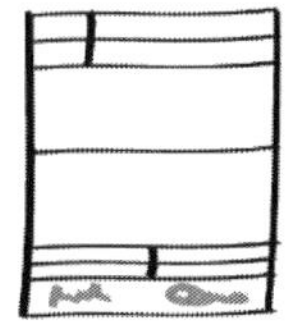

*Beschreibe zwei deiner Arbeitspakte ausführlich*

## Vorgabe

1. Formulare: Beschreibung zwei verschiedener Arbeitspakete

## Inhalt dieses Kapitels

Der Inhalt dieses Kapitels ist schnell beschrieben: Für zwei Arbeitspakete soll eine konkrete Arbeitspaketbeschreibung angefertigt werden. Bei der Auswahl der Arbeitspakete bist du recht frei, solltest allerdings keine Projektmanagement-Aufgaben wählen.

Die Formulare für die Arbeitspaketbeschreibung sind nicht streng genormt. Viele Unternehmen haben bereits eigene Vorlagen. Als Orientierung für notwendige Inhalte dient die folgende Liste:

- Projektname und -nummer
- Arbeitspaket-Titel
- PSP-Code
- Arbeitspaket-Verantwortlicher
- Arbeitspaket-Beschreibung
- Dauer des Arbeitspaketes
- Start und Ende des Arbeitspaketes
- Ziele des Arbeitspaketes (SMART formuliert)
- Ergebnisse / Deliverables des Arbeitspakets
- Schnittstellen zu anderen Arbeitspaketen, Projekten oder Organisationseinheiten
- Aktivitäten innerhalb des Arbeitspaketes
- Voraussetzungen für das Arbeitspaket
- Risiken des Arbeitspaketes
- Benötigte Einsatz- und Sachmittel
- Aufwand und Kosten
- Anlagen / notwendige Dokumente
- Fortschrittsgradmessung
- Unterschriften von Projektleiter und Arbeitspaketverantwortlichen

| Projekttitel | | AP-Titel | |
|---|---|---|---|
| Projektnummer | | PSP-Nummer | |
| AP-Verantwortlicher | | | |
| AP-Beschreibung | | | |
| Dauer | | | |
| Start / Ende | | | |
| Ziele | | Erbrachte Leistung | |
| Schnittstellen | | | |
| Aktivitäten | •<br>•<br>• | | |
| Voraussetzungen | | | |
| Risiken | •<br>•<br>• | | |
| Einsatz-/ Sachmittel | | | |
| Aufwand | | Kosten | |
| Anlagen | | | |
| Fortschrittsgrad-messung | | | |
| Unterschriften | ----------- AP-Verantwortlicher | | ----------- Projektleiter |

Besonders der Fortschrittsgradmessung wird häufig Aufmerksamkeit geschenkt. Hierbei reicht es nicht aus, nur eine Methode zu nennen; sie muss auch am konkreten Arbeitspaket erläutert werden.

Beispiel: Statt 0/25/50/75/100-Statusmessung zu nennen, muss genau erläutert werden, was die 25% für dieses Arbeitspaket bedeuten.

## Darauf musst du achten

- Sei hier möglichst genau. Stell dir vor, dass das Arbeitspaket an ein Projektmitglied delegiert wird, der allein anhand der Beschreibung handlungsfähig sein muss.
- Wähle zwei möglichst unterschiedliche Arbeitspakete aus.
- Sollten in deinem Unternehmen Vorlagen existieren, in denen viele der oben genannten Punkte fehlen, solltest du diese für den Transfernachweis ergänzen.

## Typische Fehlerquellen

- Als Verantwortlicher sollte eine Person, keine Gruppe, genannt werden.
- Der PSP-Code des Arbeitspaketes stimmt nicht mit dem PSP in Kapitel 6 überein.

## Querbezüge

6.1 Darstellung und Codierung des PSP
Der PSP-Code des Arbeitspaketes muss zum PSP passen.

## Gutes Vorgehen

1. Wähle zwei Arbeitspakete aus.
2. Erstelle die Arbeitspaketbeschreibungen

# 7 Ablauf- und Terminplanung

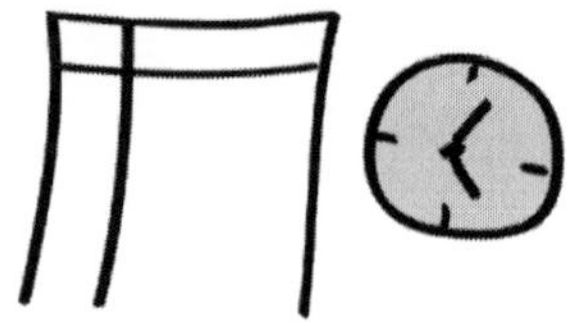

## 7.1 Vorgangsliste

*Verknüpfe deine Vorgänge und stelle sie tabellarisch dar*

## Vorgabe

1. Tabelle: Vorgangsliste inklusive Dauer und Anordnungsbeziehungen

## Inhalt dieses Kapitels

Spätestens in diesem Kapitel wirst du um eine Projektmanagement-Software wie Microsoft Project nicht herum kommen. Vermutlich hast du bereits die Tabelle für den PSP in Kapitel 6 mit Hilfe einer Software erstellt.

In diesem Kapitel geht es nun an´s „Eingemachte" was die detaillierte Projektplanung betrifft. Dieses Buch hat nicht das Ziel, eine genaue Termin- und Ablaufplanung zu erläutern. Es wird davon ausgegangen, dass du dies in Seminaren lernst und vertiefst.

Um die Vorgangsliste zu erstellen, musst du folgende Schritte durchführen:

1. Anlegen aller Teilprojekte, Teilaufgaben, Arbeitspakete und Vorgänge
2. Hinterlegen der Dauer einzelner Vorgänge
3. Verknüpfung der Vorgänge

Im Gegensatz zum PSP sind in der Vorgangsliste auch Meilensteine enthalten.

In der Praxis werden Arbeitspakete häufig noch weiter in Vorgänge untergliedert, so dass sehr lange Vorgangslisten entstehen können. Für den Transfernachweis bietet es sich an, die Arbeitspakete 1:1 als Vorgänge in der Ablaufplanung zu nutzen.

Die zu erstellende Tabelle muss folgende Inhalte haben:

- PSP-Code
- Bezeichnung des Vorgangs
- Dauer des Vorgangs
- PSP-Code des Vorgängers oder des Nachfolgers
- Art der Anordnungsbeziehung (und gegebenenfalls Zeitabstand)

| Nr. | PSP-Code | Vorgang | Dauer | PSP-Code Vorgänger | AOB |
|---|---|---|---|---|---|
| | | | | | |
| | | | | | |
| | | | | | |

## Darauf musst du achten

- In der Vorgangsliste können Teilaufgaben zur Strukturierung genutzt werden, allerdings wird für diese keine Dauer angegeben.
- Auch in der Tabelle muss die PSP-Struktur erkennbar sein. Dies erreichst du durch die Nennung des PSP-Codes und gegebenenfalls Einrückungen oder farblichen Hervorhebungen der unterschiedlichen Ebenen.

## Typische Fehlerquellen

- In der Vorgangsliste dürfen noch keine Termine genannt werden. Lediglich die Zeitdauern der Vorgänge werden aufgeführt.
- Die in Kapitel 7 hinzugekommenen Meilensteine dürfen die Reihenfolge der PSP-Codes nicht durcheinander bringen.

## Querbezüge

6 Projektstrukturplan

Die PSP-Codes der Arbeitspakete und Vorgänge muss in den Kapiteln 6 und 7 einheitlich sein.

## Gutes Vorgehen

1. Erstelle deine Ablaufplanung mit Hilfe einer Projektmanagement-Software.
2. Füge eine Tabelle deiner Ablaufplanung ein.

# 7.2 Vernetzter Balkenplan und berechneter Netzplan

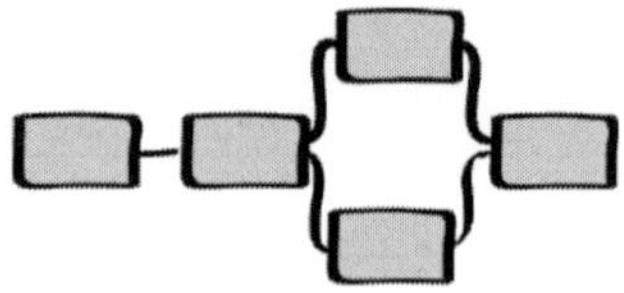

*Stelle einen Balken- und einen Netzplan dar*

## Vorgabe

1. Grafik: Vernetzter Balkenplan
2. Grafik: Netzplan

## Inhalt dieses Kapitels

Wenn du die Vorgangsliste in Kapitel 7.1 erstellt hast, ist Kapitel 7.2 keine inhaltliche Herausforderung mehr. Die Schwierigkeit besteht einzig darin, die recht großen Pläne übersichtlich auf ein A4-Format zu pressen.

Sowohl Balkenplan als auch Netzplan werden nach Pflege der Vorgangsliste automatisch von der Projektmanagement-Software erstellt, so dass ein einfaches Kopieren und Einfügen ermöglicht wird.

In diesem Kapitel müssen beide Pläne (Balkenplan und Netzplan) aufgeführt werden. Davon muss einer komplett sichtbar sein, der andere kann als Ausschnitt dargestellt werden. Da der komplett dargestellte Plan auch noch lesbar sein muss (bei einer Zoom-Stufe von 200%), kommt der sehr ausführliche Netzplan meist nicht in Frage.

## Darauf musst du achten

- Projektstart und -ende müssen bei einem der beiden Pläne klar sichtbar sein.
- Projektmanagement-Aufgaben (mit Ausnahmen bestimmter Planungen in frühen Projektphasen) sollten sich nicht auf dem kritischen Pfad befinden.
- Der kritische Pfad sollte wenn möglich nicht nur farbcodiert sichtbar, sondern auch in Schwarz-Weiß-Ansicht erkennbar sein.

## Typische Fehlerquellen

- Der kritische Pfad muss in beiden Plänen sichtbar sein.
- Der kritische Pfad muss sich über die gesamte Projektlaufzeit erstrecken. Ist das nicht der Fall, wurde vermutlich mit festen Terminen bei der Anordnung der Vorgänge gearbeitet.

## Querbezüge

7.1 Vorgangsliste

Die in der Vorgangsliste aufgeführten Vorgänge müssen sich auch in der grafischen Darstellung wiederfinden.

## Gutes Vorgehen

1. Füge den gesamten vernetzten Balkenplan als Grafik ein.
2. Füge einen Ausschnitt des Netzplans als Grafik ein.

# 8 Einsatzmittel /Kostenplanung

## 8.1 Einsatzmittelbedarf / Einsatzmittelplan

*Plane Ressourcen und deren Aufwände*

### Vorgabe

1. Tabelle: Beschreibung der benötigten Einsatzmittel
2. Tabelle: Darstellung des Einsatzmittelbedarfs
3. Bonus: Kapazitätsabgleich für eine überlastete Ressource

### Inhalt dieses Kapitels

Dieses Kapitel besteht fast ausschließlich aus Tabellen. Diese erhältst du durch verschiedene Ansichten innerhalb der Projektmanagement-Software. Zur Generierung dieser Ansichten müssen Ressourcen angelegt und diese mit den Vorgängen verknüpft werden.

**Einsatzmittel / Ressourcenpool**

In dieser Tabelle werden alle für das Projekt benötigten Ressourcen aufgeführt. Dabei ist darauf zu achten, dass du von benötigten Qualifikationen ausgehst, nicht von konkreten Ressourcen. Beispiel: „Ich brauche für mein Projekt jemanden mit der Qualifikation XY." und nicht „Ich brauche für mein Projekt Herrn Schmidt."

Die Tabelle soll folgende Fragen beantworten:

- Welche Qualifikationen (bei Sachmitteln: Spezifikationen) benötige ich?
- Mit welcher Verfügbarkeit?
- Um welche Ressourcen-Art handelt es sich?
- Welche Ressourcen kann ich diesen Anforderungen zuordnen?

| Nr. | Ressourcen-Art | Qualifikation/ Spezifikation | Verfüg-barkeit % | Std./ Woche | Name |
|---|---|---|---|---|---|
| | | | | | |
| | | | | | |
| | | | | | |

### Tabelle Einsatzmittelbedarf

Diese Tabelle soll folgende Frage beantworten: Welche Ressourcen werden für Arbeitspakete XY über den Projektverlauf benötigt?

| Nr. | PSP-Code | Vorgang/ Ressource | Summe Aufwand | Q1 2014 | Q2 2014 | Q3 2014 |
|---|---|---|---|---|---|---|
| | 1 | Projekt | | | | |
| | 1.1 | Teilaufgabe | | | | |
| | 1.1.1 | Vorgang | | | | |
| | | Huber | 9 | 1 | 2 | 6 |
| | | Schmidt | 16 | 10 | 6 | |

(alle Aufwände in Tagen)

Diese Tabelle kann erfahrungsgemäß recht groß werden. Auch wenn keine Aussage dazu getroffen wird in den Vorgaben, erachte ich einen umfangreichen Auszug mit einigen beispielhaften Arbeitspaketen als ausreichend.

### Tabelle Einsatzmittel-Bedarfsplan

Diese Tabelle soll folgende Frage beantworten: An welchen Arbeitspaketen ist die Ressource XY über den Projektverlauf beteiligt?

| Nr. | PSP-Code | Vorgang/ Ressource | Summe Aufwand | Q1 2014 | Q2 2014 | Q3 2014 |
|---|---|---|---|---|---|---|
| | | Huber | | | | |
| | 1.1.1 | Vorgang | 7 | 1 | 2 | 4 |
| | 2.1.4 | Vorgang | 11 | 10 | 1 | |
| | | | | | | |

(alle Aufwände in Tagen)

## Darauf musst du achten

- Beschreibe, wie die Verfügbarkeit aller Einsatzmittel ermittelt wurde.
- Beschreibe außerdem, wie die Aufwände pro Vorgang geschätzt wurden

## Typische Fehlerquellen

- Im Ressourcenpool werden häufig nur Personalressourcen aufgeführt, die Sach-Ressourcen jedoch vergessen.

## Querbezüge

4.1 Organisationsform des Projektes
Die im Ressourcenpool genannten Projektmitarbeiter sollten auch in der Projektorganisation und Teamliste auftauchen.
6 Projektstrukturplan
Die PSP-Codes und Arbeitspaketbezeichnungen sollten konsistent sein.
7.1 Vorgangsliste
Auch hier müssen im Quervergleich die PSP-Codes und Vorgangsbezeichnungen übereinstimmen.

## Gutes Vorgehen

1. Erstelle eine Tabelle mit allen benötigten Ressourcen.
2. Beschreibe, wie die Verfügbarkeit der Ressourcen in deinem Projekt ermittelt wurde.
3. Erstelle einen tabellarischen Einsatzmittelplan: Welche Einsatzmittel werden wann für welche Arbeitspakete benötigt?
4. Erstelle eine Tabelle mit einem Einsatzmittelbedarfsplan für eine beispielhafte Ressource.
5. Betrachte eine überlastete Ressource näher und führe einen Kapazitätsabgleich durch.

## Hol dir Bonuspunkte

In diesem Kapitel erhältst du Bonuspunkte, wenn du eine kritische/überlastete Ressource näher betrachtest. Die Grafik (Einsatzmittelganglinie) kannst du üblicherweise aus der Projektmanagement-Software herauskopieren. Beschreibe anschließend, wie du den Ressourcenkonflikt lösen würdest oder gelöst hast. Gehe dabei auf die verschiedenen Möglichkeiten ein (z.B. Stauchen, Strecken von Arbeitspaketen).

# 8.2 Projektkosten

*Ermittle die Kosten deines Projektes*

## Vorgabe

1. Text: Erläuterung der Kostenberechnung
2. Tabelle: Kostenanfall über die Projektlaufzeit
3. Grafik: Kostengang- und Kostensummenlinie

## Inhalt dieses Kapitels

Auch in diesem Kapitel kannst du fast alle Informationen aus der Projektmanagement-Software kopieren.

**Erläuterung der Kostenberechnung**

An dieser Stelle musst du nicht allzu sehr ins Detail gehen. Beschreibe lediglich, auf welcher Basis die Kosten geschätzt wurden. Grundlage können bestehende Verträge, interne Verrechnungssätze oder Angebote sein.

**Tabellarische Darstellung des Kostenanfalls**

Als Ausgangspunkt eignet sich der gleiche Aufbau wie der Einsatzmittelplan in Kapitel 8.1. Es handelt sich im Grunde um die gleiche Tabelle - nur mit Kosten statt mit zeitlichen Aufwänden. Die Tabelle soll folgende Frage beantworten: Welche Kosten fallen für Arbeitspaket XY im Projektverlauf an?

| Nr. | PSP-Code | Vorgang/ Ressource | Summe in Euro | Q1 2014 | Q2 2014 | Q3 2014 |
|---|---|---|---|---|---|---|
| | 1.1.1 | Vorgang 1 | | | | |
| | | Huber | 5.000 | 2.000 | 3.000 | |
| | | Schmidt | 2.000 | | | 2.000 |

**Optional: Tabellarische Darstellung der Kosten pro Ressource**

Da die erste Tabelle häufig sehr umfangreich und damit auf den ersten Blick oft etwas unübersichtlich wirkt, bietet sich eine weitere Tabelle an. Diese zeigt knapp die Gesamtkosten, die pro Ressourcen anfallen. Auf Basis dieser Tabelle können auch gut Interpretationen zur Verteilung nach intern/extern oder Personal-/Sachressourcen getroffen werden.

**Kostengang- und Kostensummenlinie**

Die Kostengang- und Kostensummenlinie zeigen die Verteilung der Projektkosten über die Projektdauer. Beide sollten untereinander dargestellt werden. Anschließend bietet sich eine Interpretation zu Kostenverteilung und der Budgeteinhaltung an.

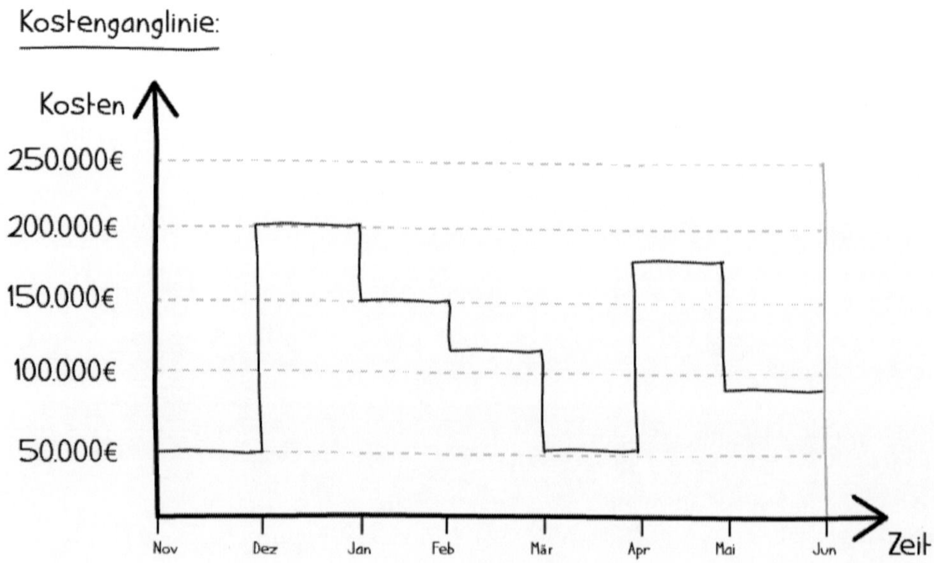


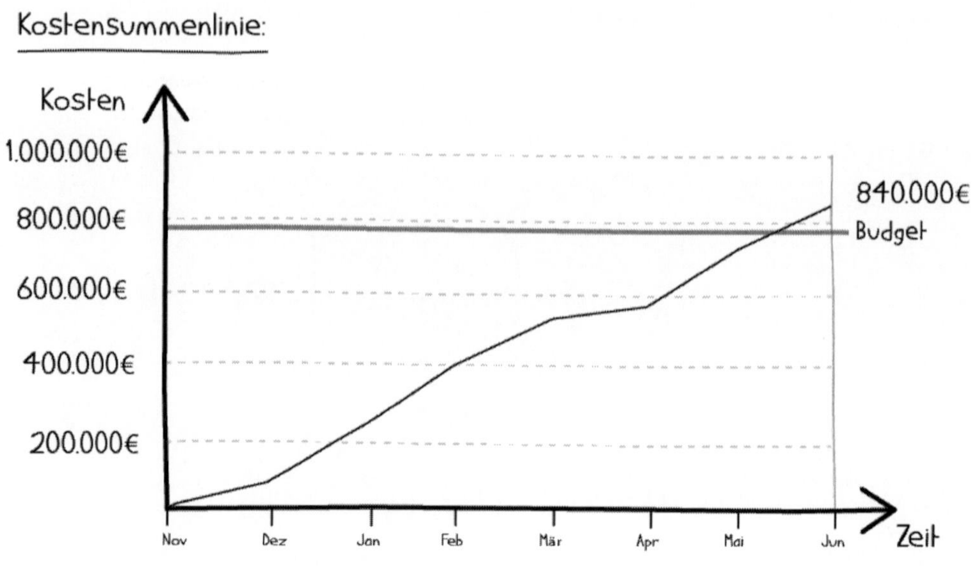

## Darauf musst du achten

- Stelle Kostengang- und Kostensummenlinie möglichst direkt untereinander dar, so dass die Grafiken leicht miteinander abgeglichen werden können.
- Nutze auf der x-Achse der Kostengang- und Kostensummenlinie möglichst absolute Monate („November 2014" statt „Monat 1).
- Führe am oberen Ende der Kostensummenlinie noch einmal die Projektgesamtkosten auf und zeichne eine horizontale Linie ein, die das veranschlagte Projektbudget darstellt.
- Hast du in Kapitel 3.2 alle Berechnungen zu Risikokosten durchgeführt, so sollten diese auch in diesem Kapitel berücksichtigt werden. Dies kann z.B. durch einen generellen Risikoaufschlag geschehen. Sind alle Risikomaßnahmen bereits in Arbeitspaketen enthalten und somit schon mit geschätzt, sollten diese nicht noch ein zweites Mal zu den Projektkosten addiert werden.

## Typische Fehlerquellen

- Die Zeitachse der Kostengang- und Kostensummenlinie müssen gleich sein.
- Die Kostensummenlinie muss immer im Nullpunkt bei 0/0 beginnen.

## Querbezüge

1.1 Projektbeschreibung

Das Gesamtbudget sollte nicht zu stark vom veranschlagten Budget im Projektsteckbrief abweichen.

3.2 Quantitative Bewertung der Risiken und Maßnahmen zur Risikobegegnung

Die ermittelten Risikokosten sollten im aktuellen Kapitel erwähnt werden.

6 Projektstrukturplan

PSP-Codes und Bezeichnungen der Arbeitspakete sollten in beiden Kapiteln konsistent sein.

8.1 Einsatzmittelbedarf / Einsatzmittelplan

Die Kostenplanung sollte auf dem Einsatzmittelplan basieren und daher konsistent sein.

## Gutes Vorgehen

1. Erläutere, wie die Kostenberechnung im Projekt durchgeführt wurde.
2. Erstelle eine Tabelle mit allen Projektkosten auf Basis des Einsatzmittelbedarfs.
3. Erstelle eine Kostengang- und Kostensummenlinie.
4. Verliere ein paar interpretierende Worte zur Kostenverteilung und zur Budgeteinhaltung.

# 9 Verhaltenskompetenz

## Allgemeine Hinweise zum Kapitel „Verhaltenskompetenz"

In Kapitel 9 müssen von dir zwei Themen ausgewählt und behandelt werden. Generell sind alle Wahlthemen sehr praxisnah zu bearbeiten. Die Beschreibung eines theoretischen Vorgehens reicht nicht aus. Dabei ist es nicht unbedingt notwendig, dass die Praxissituationen mit dem konkreten Projekt in Zusammenhang stehen. Fallen dir Beispiele aus anderen Projekten oder aus dem Privatleben ein, kannst du diese ebenfalls verwenden.

Generell sollten die Kapitel im Bereich Verhaltenskompetenz wie folgt aufgebaut sein:

- Kurze theoretische Erläuterung des Themas
- Beschreibung eines praktischen Beispiels
- Anwendung der Theorie auf das praktische Beispiel
- Herausarbeiten von Erkenntnissen
- Reflexion und Erarbeitung von Verbesserungsvorschlägen

Wahlthemen bieten sich auch gut dafür an, negative Beispiele zu analysieren und Verbesserungsvorschläge abzuleiten. Während du in den Pflichtkapiteln möglichst eine „saubere Leistung" abliefern solltest, können hier beliebige, auch sehr fehlerhaft durchgeführte, Beispiele behandelt werden.

Generell bist du bei der Gestaltung der Wahlthemen freier als bei den Pflichtkapiteln. Es gibt keine starren Vorgaben, wie genau die Informationen präsentiert werden (verbal, grafisch, tabellarisch …). Die Anmerkungen in den folgenden Kapiteln sind also nur als Vorschläge zu verstehen.

Wahlthemen, die du nicht bearbeitest, bleiben trotzdem in der Gliederung erhalten. Lasse den Inhalt der Kapitel einfach leer, oder setze den Vermerk „nicht bearbeitet" unter die Überschrift.

Je Thema solltest du nicht mehr als drei Seiten benötigen.

## 9.1 Kreativität

*Beschreibe, wie Kreativität im Projekt angewandt wurde*

### Inhalt dieses Kapitels

Kreativität ist eines der beliebtesten Wahlthemen bei den Teilnehmern. Das liegt vermutlich an der recht einfachen Bearbeitung des Themas und den nicht vorhandenen Querbezügen zu anderen Themen.

Um dich dem Thema Kreativität zu nähern, solltest du zunächst ein paar allgemeine Worte dazu verlieren. Anschließend bietet sich die Auflistung und kurze Beschreibung von ausgewählten Kreativitätsmethoden an. Halte dich allerdings nicht allzu lang mit der Theorie auf - Praxiserfahrungen sind sehr wichtig in diesem Kapitel.

Wähle ein reales Beispiel aus und erläutere dieses anhand der Theorie. Beschreibe im Detail den Ablauf und gehe besonders darauf ein, welche Erkenntnisse du gewonnen hast. Schlussfolgerungen für die Zukunft runden das Thema ab.

### Darauf musst du achten

- Bleibe praxisnah!
- Wähle ein plastisches Beispiel.
- Lange Textblöcke können gut durch Grafiken oder Fotos aufgelockert werden.

# 9.2 Verhandlungsführung

*Beschreibe Verhandlungssituationen in der Praxis*

## Inhalt dieses Kapitels

Mit dem Thema Verhandlungsführung scheinen viele Level D-Teilnehmer in der Praxis recht wenig Kontakt zu haben. Dieses Wahlthema wird relativ selten bearbeitet. Wer allerdings mit Verhandlungsführung vertraut ist, kann hier ein recht einfaches Wahlthema bearbeiten.

Wichtig ist erneut die Nennung der Theorie und anschließend die Schilderung eines konkreten Beispiels. Häufig bietet sich die Analyse der Situation nach der Harvard-Methode an.

## Darauf musst du achten

- Beschreibe nicht nur Theorie und Praxis getrennt, sondern wende die Theorie auch innerhalb des Beispiels an.
- Versuche zu reflektieren: Wo liegt Verbesserungspotenzial?

# 9.3 Konflikte und Krisen

*Beschreibe Konflikte und Krisen sowie deren Lösung*

## Inhalt dieses Kapitels

Hier handelt es sich wieder um ein sehr beliebtes Wahlthema. Konflikte und Krisen kommen in der Praxis recht häufig vor, so dass die Suche nach einem praktischen Beispiel sehr leicht fallen dürfte.

Im Rahmen der Theorie kann auf mögliche Konfliktursachen, Konfliktanzeichen und Konfliktarten eingegangen werden. Auch Modelle wie die Konflikteskalation nach Glasl oder das Harvard-Modell können gut beschrieben werden.

Das praktische Beispiel sollte hier möglichst in der Ich-Form beschrieben werden.

## Darauf musst du achten

- Denke auch hier wieder an der Verknüpfung von Theorie und praktischem Beispiel.
- Halte dich nicht zu lang mit der Theorie auf, sondern beschreibe ausführlich Erkenntnisse des Praxisbeispiels.

# 9.4 Ergebnisorientierung

*Beschreibe, wie du das Projektziel im Auge behältst*

## Inhalt dieses Kapitels

Das Thema Ergebnisorientierung scheidet häufig die Geister. Viele Teilnehmer können gar nichts damit anfangen, andere schreiben Romane. Dass es sich hier um ein Wahlthema handelt, kommt demnach allen entgegen.

Auch hier beginnt die Bearbeitung des Themas mit Aussagen zum theoretischen Hintergrund. Der Projektleiter als „Steuermann" steht in diesem Kapitel im Mittelpunkt. Seine Aufgabe ist es, das Projekt erfolgreich zum Abschluss zu führen. Dabei spielt die Fokussierung auf das Ergebnis eine große Rolle.

In Praxisbeispielen kann gezeigt werden,

- dass das maximale Ergebnis nicht immer das optimale Ergebnis ist
- dass man im Projektalltag die Ergebnisorientierung schnell aus den Augen verliert
- wie man durch effektives Selbstmanagement diese Orientierung wieder herstellt
- wie man Ergebnisorientierung im Team herstellen kann.

Dieses Thema ist vermutlich eines der am wenigsten eingeschränkten Themen.

## Darauf musst du achten

- Fokussiere dich auch hier auf die Praxis. Dieses Kapitel kann sonst schnell zu einem „Phrasen-Kapitel" werden.
- Beschreibe besonders viele praktische Erkenntnisse.

# 10 Wahlelemente

## Allgemeine Hinweise zum Kapitel „Wahlelemente“

In Kapitel 10 muss nur ein Thema ausgewählt und bearbeitet werden. Auch hier steht die Praxis im Vordergrund. Im Gegensatz zu Kapitel 9 sollten sich hier alle Beispiele auf das konkrete Projekt beziehen.

Ähnlich wie im Kapitel 9 sollten die Kapitel im Bereich „Wahlelemente“ wie folgt aufgebaut sein:

- Kurze Darstellung der Praxissituation
- Kurze Erläuterung der theoretischen Grundlagen zum Thema
- Anwendung der Theorie auf das praktische Beispiel
- Herausarbeiten von Erkenntnissen
- Reflexion und Erarbeitung von Verbesserungsvorschlägen

Mehr noch als in anderen Kapiteln können in diesem Kapitel firmeninterne Regelungen und Vorlagen genutzt werden. Jedoch sollten auch diese immer auf das konkrete Projekt angewendet werden.

Generell bist du bei der Gestaltung der Wahlthemen freier als bei den Pflichtkapiteln. Es gibt keine starren Vorgaben, wie genau die Informationen präsentiert werden (verbal, grafisch, tabellarisch …). Die Anmerkungen in den folgenden Kapiteln sind also nur als Vorschläge zu verstehen.

Wahlthemen, die du nicht bearbeitest, bleiben trotzdem in der Gliederung erhalten. Lasse den Inhalt der Kapitel einfach leer oder setze den Vermerk „nicht bearbeitet“ unter die Überschrift.

## 10.1 Beschaffung und Verträge

*Gehe auf den Beschaffungsprozess und Vertragsanalysen ein*

### Inhalt dieses Kapitels

Kein Kapitel wird üblicherweise von den Teilnehmern so wenig bearbeitet, wie dieses. Und doch ist das kein Ausschlusskriterium: Hast du in der Praxis häufig Kontakt mit dieser Thematik, kann dieses Wahlthema gut geeignet für dich sein.

In diesem Kapitel könnten folgende Inhalte ausgearbeitet werden:

- Beschreibung von unterschiedlichen Vertragsarten im Projekt
- Vertragsanalysen
- Klärung und Nachverfolgung von Vertragsbeziehungen
- Claim-Management
- Eskalationsmanagement

### Darauf musst du achten

- Die oben aufgeführten Punkte zeigen schon recht deutlich, dass dieses Thema sehr breit interpretiert werden kann. Achte darauf, dass du nicht lediglich theoretische Sachverhalte beschreibst, sondern dich konkret auf dein Projekt beziehst.
- Vergiss nicht Erkenntnisse und mögliche Verbesserungsvorschläge.

# 10.2 Qualitätsmanagement

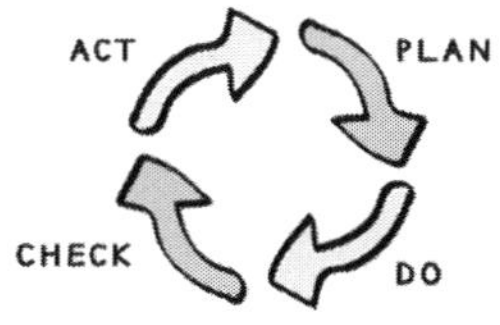


*Beschreibe, wie Qualitätsmanagement im Projekt gelebt wird*

## Inhalt dieses Kapitels

Qualitätsmanagement ist eines der wenigen Wahlthemen, das Querbezüge zu anderen Kapiteln des Transfernachweises aufweist. Arbeitest du hier die große Bedeutung des Qualitätsmanagements in deinem Projekt heraus, so sollten auch damit verbundene Maßnahmen in der Projektplanung enthalten sein. Außerdem wäre es nicht verkehrt, einen Qualitätsmanager als Stakeholder zu formulieren und im Team die Rolle „Qualitätsbeauftragter" zu vergeben.

Abgesehen davon bist du auch bei diesem Thema recht frei in der Wahl deiner Beispiele:

- Beschreibung des PDCA-Zyklus anhand eines praktischen Beispiels
- Darstellung eines QM-Reviews im Projekt
- Beschreibung konkreter Verbesserungsvorschläge für höhere Qualität im Projekt
- Welche konkreten qualitätssichernden Maßnahmen wurden ergriffen? Wo besteht noch Optimierungsbedarf?
- Existiert ein QM-Handbuch im Unternehmen und wie wirkte sich dieses im Projekt aus?

## Darauf musst du achten

- Achte hier auf Praxisnähe und auf die oben genannten Querbezüge.

# 10.3 Konfiguration und Änderungen

*Beschreibe Konfigurations- und Änderungsprozesse*

## Inhalt dieses Kapitels

In diesem Wahlthema gibt es eine recht genaue Vorstellung davon, was inhaltlich erwartet wird. Auch davon kannst du abweichen, aber folgende Inhalte haben sich bewährt:

- Erläuterung der Begriffe Konfiguration und Änderung
- Beschreibung der Notwendigkeit eines organisierten Änderungsmanagements
- Grafische Darstellung und Erläuterung des Änderungsprozesses im Unternehmen und/oder im konkreten Projekt
- Ausgefülltes Beispiel eines Änderungsantrages im konkreten Projekt

Es ist nicht ausreichend, lediglich ein leeres Formular eines Änderungsantrages dazustellen. Der Projektbezug ist sehr wichtig an dieser Stelle.

## Darauf musst du achten

- Stelle den Änderungsprozess nicht zu simpel da. Zumindest eine Verzweigung an einem Entscheidungspunkt sollte sichtbar sein.
- Denke wie bei allen Wahlthemen an den großen Praxisanteil und den Bezug zum Projekt.

# 10.4 Projektstart, Projektende

*Gehe auf den Beginn und den Abschluss des Projektes ein*

## Inhalt dieses Kapitels

Dieses Wahlkapitel fällt den meisten Teilnehmern erfahrungsgemäß recht leicht. Das mag daran liegen, dass beinahe jeder Erfahrungen mit dieser Thematik hat und wenig komplexe Theorie dahinter steht. Hier wird beschrieben, welche Rolle die Themen Projektstart und -ende im Projekt spielen und wie genau diese Abschnitte im Projekt umgesetzt wurden - oder werden sollten.

Folgende Inhalte eignen sich gut für dieses Wahlthema:

- Beschreibung der Bedeutung eines strukturierten Projektstarts sowie des Projektendes.
- Agenda oder Ablaufplan eines Projekt-Kick-Offs
- Grafische Darstellung (Fotos, Skizzen ...) von Materialien, die während des Projektstarts erarbeitet wurden
- Agenda oder Ablaufplan eines Projektabschluss-Meetings
- Darstellung eines Projektabschlussberichtes
- Vorlage für Lessons Learned
- Aussagen über Projektarchivierung

## Darauf musst du achten

- Denke an den Praxisbezug. Es ist nicht damit getan, leere Formulare mit Ablaufplänen oder leere Berichtsvorlagen darzustellen. Erläutere, wie es konkret im Projekt gelaufen ist.
- Gehe auch hier darauf ein, was sich bewährt hat, und was zukünftig besser laufen kann.

# 10.5 Berichtswesen, Projektdokumentation

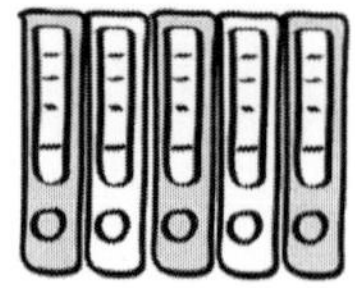

*Gehe auf Berichte, Dokumentation und Ablage im Projekt ein*

## Inhalt dieses Kapitels

Dieses Wahlthema bietet jede Menge Möglichkeiten, es zu bearbeiten. Hier kann häufig sehr gut auf vorhandene Vorlagen und Prozesse aus der Praxis zurückgegriffen werden. Folgende Punkte sollen als Anregung dienen:

- Erläuterung des Begriffs „Bericht“ als Standardisierung und Verdichtung von Informationen
- Darstellung einer Berichtsmatrix: Welcher Bericht, mit welchem Inhalt, Umfang und in welchem Rhythmus wird von wem und für wen erstellt?
- Beispielhafte Darstellung ausgefüllter Berichte (z.B. Statusbericht, Meilensteinbericht …)
- Erläuterung der Bedeutung von Projektdokumentation
- Konkrete Beschreibung der Projektdokumentation im aktuellen Projekt (z.B. Ablage, Archivierung, Dokumentenmanagement …)

## Darauf musst du achten

- Eine Berichtsmatrix ist abzugrenzen von der Kommunikationsmatrix in Kapitel 4.2. Während die Kommunikationsmatrix nach Stakeholdern gegliedert ist, stehen hier die tatsächlichen Berichte im Vordergrund.

# 11 Anhang

## 11.1 Abkürzungsverzeichnis

Führe in diesem Kapitel alle benutzten Abkürzungen des Transfernachweises auf. Abkürzungen, die du im Text verwendest, sollten zusätzlich beim ersten Erscheinen im Text vollständig ausgeschrieben oder erklärt werden.

## 11.2 Glossar

Nutze dieses Kapitel, um Fachbegriffe näher zu erläutern. Konzentriere dich dabei auf inhaltliche und fachliche Begriffe, die für Außenstehende gegebenenfalls nicht gebräuchlich sind. Das können auch unternehmensinterne Begriffe oder Arbeitstitel sein, die für die Allgemeinheit nicht gebräuchlich sind.

Projektmanagement-Fachbegriffe kannst du vernachlässigen, diese müssen nicht im Glossar erläutert werden.

## 11.3 Abbildungsverzeichnis

Dieses Kapitel enthält ein Verzeichnis aller im Transfernachweis verwendeten Abbildungen und ein Verweis auf die Seite, auf der sie abgebildet sind.

Es bleibt dir überlassen, ob du Tabellen als separates Verzeichnis aufführst, sie ins Abbildungsverzeichnis integrierst oder gar nicht nummerierst und in einem Verzeichnis aufführst.

# 12 Anlagen

## 12.1 Anlagenverzeichnis

Solltest du Anlagen beifügen wollen, so füge an dieser Stelle ein Anlagenverzeichnis ein.

## 12.2 – n Anlagen

Wie der Name schon sagt: Hier ist Platz für deine Anlagen. Denke daran, dass der Transfernachweis 60 Seiten nicht überschreiten darf - inklusive Anlagen.

Anlagen sollen immer dann verwendet werden, wenn im Hauptteil des Transfernachweises lediglich Ausschnitte dargestellt wurden. Generell werden Anlagen in den Transfernachweisen eher selten verwendet.

# Tipps und Tricks

*Hol dir Tipps und Ratschläge*

## Zeitmanagement

So ein Transfernachweis schreibt sich absolut nicht nebenbei. Fast alle Teilnehmer berichten nach Abschluss ihrer Zertifizierung, dass sie den Aufwand für die Erstellung des Transfernachweises stark unterschätzt haben.

Wie viel Zeit tatsächlich aufgewendet werden muss, kann nur sehr grob geschätzt werden. Richte dich allerdings insgesamt auf 60-80 Stunden ein. Meist müssen diese zusätzlich zum regulären Arbeitsalltag bewältigt werden. Dies solltest du von Vornherein berücksichtigen.

Üblicherweise erhältst du von deinem Trainingsanbieter die Möglichkeit für Zwischenfeedbacks. Diese solltest du unbedingt wahrnehmen. Auf diese Weise bekommst du Rückmeldung, ob du auf dem richtigen Weg bist und kannst Folgefehler vermeiden.

Befolge die nachstehenden Tipps, um kurz vor dem Abgabetermin nicht in Zeitnot zu geraten.

1. Entscheide dich möglichst früh für ein Projekt, das du im Transfernachweis bearbeiten möchtest. Auf diese Weise kannst du die in den Seminaren erlernten Inhalte sofort auf dein Projekt anwenden.
2. Arbeite an den einzelnen Kapiteln, sobald die Themen im Seminar behandelt wurden. Direkt nach den Seminaren ist das Wissen noch frisch. Die Erarbeitung der Kapitel wird dir dann am leichtesten fallen.
3. Halte dich in den frühen Phasen nicht zu lang mit der detaillierten Erstellung von Grafiken usw. auf. Willst du später noch etwas ändern, müssen diese erneut angepasst werden, was einen großen Aufwand verursacht.
4. Plane von vornherein einen Zeitabschnitt für die Zusammenführung von Texten und Grafiken sowie zur Formatierung des Transfernachweises ein. Erfahrungsgemäß nehmen diese Schritte sehr viel Zeit in Anspruch.
5. Arrangiere dich damit, Schätzungen abzugeben. Viele tun sich schwer, zeitliche oder monetäre Aufwände zu schätzen, ohne dass fundierte Informationen vorliegen. Gewöhne dich am besten gleich daran - in der Praxis wird dir das ebenso helfen. Hältst du dich zu lang mit der Ermittlung von genauen Zahlen auf, wird dich das stark ausbremsen.

# Die beste Reihenfolge

Ein kurzer Kommentar vorab: Die wirklich beste Reihenfolge wird es nicht geben. Jeder hat unterschiedliche Vorlieben und arbeitet Themen anders ab. Die hier gewählte Reihenfolge ist lediglich ein Vorschlag, den du gern für dich anpassen kannst. Häufig richtet sich die Reihenfolge auch zeitlich nach den behandelten Themen in den Seminaren.

## Reihenfolge der Kapitel

1. Beginne mit dem Steckbrief. Auch wenn zu Beginn einige Punkte noch unklar sind oder fehlen: Der Steckbrief bietet nicht nur für Außenstehende einen Überblick über das Projekt, sondern gibt auch den Rahmen für den Transfernachweis vor. Im Laufe der weiteren Bearbeitung kannst du den Steckbrief jederzeit anpassen.
2. Bearbeite die Kapitel 2 (Projektumfeld, Stakeholder). Diese Kapitel sind die Basis für weitere Kapitel. Aus ihnen lassen sich sowohl Risiken, als auch Ziele ableiten.
3. Bearbeite Kapitel 3 (Risikoanalyse). Aus der Umfeldanalyse kannst du nun Risiken ableiten.
4. Das Kapitel 1.2 (Ziele) ist nun an der Reihe. Quellen für Ziele können die Umfeld- und Stakeholder- sowie die Risikoanalyse sein.
5. Die Kapitel 4 (Projektorganisation) und 5 (Phasenplanung) sind weitgehend unabhängig voneinander und können nun jederzeit bearbeitet werden.
6. Nun zum Projektstrukturplan - Kapitel 6. Dieses ist wichtig und bildet die Grundlage für die folgenden Kapitel 7 und Kapitel 8. Quellen für den Projektstrukturplan können die Umfeld-, Stakeholder- und Risikoanalyse sein.
7. Ist der Projektstrukturplan erstellt, kannst du Kapitel 7 und 8 bearbeiten, in dieser Reihenfolge.
8. Die Wahlkapitel haben praktisch keine Querbezüge zu anderen Kapiteln und können immer dann bearbeitet werden, wenn dir danach ist.

Prüfe ab und zu, wie viele Seiten du schon erstellt hast und stelle sicher, dass du nicht am Ende zu viel kürzen musst, weil du deutlich über die maximalen 60 Seiten kommen würdest.

## Schrittfolge innerhalb von Kapiteln

Auch innerhalb von Kapiteln gibt es eine empfohlene Vorgehensweise, um die Themen möglichst effizient und ohne doppelte Arbeit zu erstellen.

1. Führe ein Brainstorming durch und mache dir Notizen. Diese können auch handschriftlich oder stichpunktartig im Kapitel erfolgen. Gegebenenfalls können diese Notizen auch direkt im Transfernachweis verwendet werden, um dein Vorgehen zu beschreiben.
2. Viele der Kapitel beinhalten Tabellen. Sind diese vollständig, ist ein Großteil der inhaltlichen Arbeit oft schon erledigt. Beginne also möglichst früh mit der Erstellung. Versuche, Tabellen zügig auszufüllen und versuche nicht, das „perfekte" Ergebnis zu finden. Wichtiger als genaue Schätzungen ist die Konsistenz der Kapitel untereinander.
3. Erstelle eine Skizze für die Grafik - und belasse es zunächst dabei.
4. Verfasse die benötigten Texte und beziehe dich dabei auch schon auf die Tabellen und die Skizze der Grafik.
5. Prüfe (oder lasse prüfen), ob die Kapitel in sich und untereinander konsistent sind.
6. Passe einzelne Abschnitte gegebenenfalls noch einmal an.
7. Finalisiere erst dann die Grafik und formatiere die Tabelle.

Finde für dich heraus, was am längsten dauert. Viele Teilnehmer erstellen selten Grafiken und benötigen dafür recht lang. In so einem Fall ist es besonders wichtig, doppelte Arbeit zu vermeiden.

# Theorie vs. Praxis

Immer wieder bemängeln Teilnehmer, dass der Transfernachweis zu theoretisch abgehandelt werden muss und mit der Praxis wenig zu tun hat. In solchen Fällen fällt es schwer, ein reales Projekt in die Vorgaben dieses Transfernachweises zu zwängen. Häufig entfernt man sich dann etwas von der Realität und versucht, das Projekt kreativ anzupassen.

Welche Möglichkeiten hast du, wenn ein praktisches Projekt mit der Theorie sehr wenig zu tun hat? Grundsätzlich gibt es mehrere Ursachen für dieses Problem und entsprechende Lösungen:

**Projektmanagement wird im Unternehmen anders durchgeführt**

Wird in deinem Unternehmen ein strukturiertes Projektmanagement betrieben, hast du einige Vorteile. Du kannst auf bestehende Vorlagen zugreifen und Prozesse beschreiben, wie sie im Unternehmen gelebt werden.

Weichen diese Prozesse zu stark von den Vorgaben für den Transfernachweis ab, hast du zwei Möglichkeiten:

a) Beschreibe die Praxis und erläutere die Unterschiede zur Theorie. Nimm in Kauf, dass du an einigen Stellen einen Punktabzug bekommst, weil die Praxis zu weit weg von der Theorie ist. Mit dieser Variante bist du meist schneller, da du dich an der Praxis orientieren kannst.
b) Passe Vorlagen aus der Praxis entsprechend der Theorie an und biege dein Projekt ein wenig zurecht, so dass du es konform zu den Vorgaben präsentierst. Dies ist der sicherere Weg, führt aber häufig zu etwas Mehrarbeit.

**Projektmanagement wird im Unternehmen gar nicht durchgeführt**

Findet im deinem Unternehmen kaum oder gar kein Projektmanagement statt, hast du es häufig schwerer. Allzu schnell wird aus deinem realen dann ein fiktives Projekt, weil du einfach zu viele Punkte anpassen musst.

Doch das kann durchaus eine Chance sein! Versuche, dein Projekt als eine Art „Pionierprojekt“ im Projektmanagement zu sehen. Mache dich mit den Methoden vertraut und schau, was du davon in die Praxis mitnehmen kannst. Beschreibe dein Projekt so, wie es ablaufen sollte, wenn man alle Werkzeuge richtig anwenden würde.

**Das Projekt ist zu groß**

Sehr umfangreiche und komplexe Projekte können den Rahmen eines Transfernachweises durchaus sprengen. Bei einer sehr großen Anzahl von

Stakeholdern, Projektbeteiligten und Arbeitspaketen ist es oft schlicht nicht möglich, alles darzustellen.

In diesem Fall hast du drei Möglichkeiten:

a) Du zeigst nur Ausschnitte und begründest dies im Text. So zeigst du für eine Auswahl an Faktoren, wie die Projektmanagement-Methoden angewendet wurden, musst aber nicht alle darstellen. Bei einigen Punkten ist ein Kürzen allerdings nicht erlaubt (z.B. Kapitel 7.2 Vernetzter Balkenplan und berechneter Netzplan).
b) Du reduzierst und vereinfachst dein Projekt für diesen Transfernachweis. Beispielsweise kannst du bestimmte Stakeholder oder Risiken einfach weglassen oder Arbeitspakete zusammenfassen.
c) Du löst ein Teilprojekt aus dem Gesamtprojekt heraus, und beschreibst dieses detailliert und vollständig.

**Dein Projekt gibt zu wenig her**

Auf dieses Problem stoßen häufig Teilnehmer, die überschaubare Projekte beschreiben. Meist handelt es sich dabei um fiktive Projekte. Ist so ein Projekt wenig komplex, fällt es oft nicht leicht, eine große Anzahl von Risiken zu finden oder eine mehrstufige Projektorganisation aufzubauen.

Um deine Kompetenz als Projektleiter nachzuweisen, eignen sich solche Projekte oft nicht. Stößt du im Laufe der Bearbeitung des Transfernachweises auf dieses Problem, dann baue noch ein paar Komplexitäten ein. Das mag zunächst wenig sinnvoll wirken, kann dir jedoch nur helfen. Dir werden an solchen Stellen dann häufig Probleme bewusst, die dir in der Praxis in größeren Projekten ohnehin begegnen würden.

# Wie viel Zeit investieren?

Es wurde schon erwähnt: Die Erstellung eines Transfernachweises ist sehr aufwändig. Immer wieder wird die Frage gestellt, wie akribisch und genau man ihn erstellen sollte. Klare Antwort: Es kommt darauf an!

**Für Pragmatiker**

120 Punkte können maximal erreicht werden. 60 Punkte reichen zum Bestehen des Transfernachweises aus. Ich habe bisher noch keinen so schlechten Transfernachweis erlebt, der nicht mindestens diese 60 Punkte erreicht hätte. Es kommt eher vor, dass Teilnehmer sich zeitlich verkalkulieren und die Arbeit einfach nicht pünktlich abgeben können.

Die erreichte Punktzahl für den Transfernachweis wird bei der PM-ZERT gespeichert und dir mitgeteilt. Nach außen jedoch wird sie nirgends sichtbar. Bestehst du auch die schriftliche und mündliche Prüfung, erhältst du ein Zertifikat, das dir den Level D der Ausbildung bescheinigt. Ob du im Transfernachweis 60 oder 120 Punkte erhalten hast, spielt dann keine Rolle mehr.

Häufig prüfen die Trainingsanbieter die Transfernachweise vor einer Einreichung bei der PM-ZERT, was ein zusätzliches Sicherheitsnetz darstellt.

Diese Gedanken veranlassen viele Teilnehmer dazu, einen pragmatischen Ansatz zu wählen. Das kann viel Zeit und Mühe sparen. Auch dann muss beachtet werden, dass trotzdem viel Zeit in die Erstellung investiert werden muss. Gespart werden kann an folgenden Stellen:

- Weglassen der Inhalte für Bonus-Punkte
- Vernachlässigen einer optimalen Formatierung des Transfernachweises
- Nutzen von handschriftlichen Skizzen, statt visuell ansprechender Diagramme

**Für Perfektionisten**

Wer mehr als „nur bestehen" möchte, investiert häufig noch deutlich mehr in die Erstellung des Transfernachweises. Das hat durchaus seine Vorteile: Du wirst gezwungen, dich noch intensiver mit den Themen und besonders den vielen Querbezügen auseinanderzusetzen. Diese anspruchsvolle Aufgabe kann dir in der Praxis nur helfen.

Mache dir trotzdem bewusst, dass du vermutlich nie auch nur in die Nähe der 120 Punkte gelangen wirst. Schon eine Punktzahl von 100 kommt äußerst selten vor. Die meisten Teilnehmer bewegen sich bei einem Ergebnis von ungefähr 80 Punkten.

Um eine möglichst hohe Punktezahl zu erreichen, sollten folgende Punkte beachtet werden:

- Ansprechende und konsistente Formatierung der gesamten Arbeit
- Darstellung übersichtlicher und visuell ansprechender Grafiken
- Korrekte Berücksichtigung aller Querbezüge zwischen den Kapiteln
- Starker Praxistransfer
- Nutzen aller Möglichkeiten für Bonus-Punkte

# Bonusmaterial

## Checkliste pro Kapitel

Die folgende Checkliste soll dir helfen, nach Erstellung eines jeden Kapitels noch einmal grundlegende Prüfungen durchzuführen. Nicht alle der Punkte sind für alle Kapitel gültig, stellen aber eine gute Orientierung dar:

| Beschreibung | erledigt |
|---|---|
| Bedeutung des Themas wurde erläutert | |
| Theorie wurde kurz beschrieben | |
| Vorgehen im konkreten Projekt wurde beschrieben | |
| Alle Grafiken verfügen über Legenden | |
| Alle Tabellen verfügen über Legenden (z.B. bei Nutzung von Symbolen) | |
| Farbliche Hervorhebungen wurden erklärt | |
| Bei mehreren Tabellen oder Grafiken: Die Nummerierung der jeweiligen Elemente ist einheitlich | |
| Reflexionen und Lessons Learned sind vorhanden | |
| Bei langen Tabellen ist der Spaltenkopf auf jeder Seite dargestellt | |
| Alle Grafiken und Tabellen sind mindestens bei einem Zoom-Faktor von 200% lesbar. | |

# Abschließende Checkliste

Kurz vor Fertigstellung der Arbeit, solltest du folgende Punkte noch einmal überprüfen:

| Beschreibung | erledigt |
|---|---|
| Die vorgegebene Gliederung wurde genau eingehalten. | |
| Die maximale Zahl von 60 Seiten wurde nicht überschritten. | |
| Die Datei ist nicht größer als 7 MB. | |
| Die Datei enthält Lesezeichen zu den einzelnen Kapiteln. | |
| Das Deckblatt enthält alle vorgegebenen Angaben (siehe Kapitel Gestaltung der Arbeit) | |
| Der Dateiname wurde korrekt vergeben (siehe Kapitel Gestaltung der Arbeit) | |

# Inspiration: Mögliche Projekte

- Neuentwicklung eines innovativen Produktes zur Gestensteuerung
- Bau eines Einfamilienhauses
- Organisation eines Schulfestes
- Organisation des Umzugs in ein neues Betriebsgebäude des Unternehmens xy
- Erlangung der Bio-Zertifizierung eines landwirtschaftlichen Betriebes
- Eröffnung eines Nachtclubs in der Hamburger Innenstadt
- Aufbau einer Biogasanlage in xyz
- Eröffnung einer Tierpension
- Umbau des Vereinsheimes des Fußballvereins xyz
- Aufbau einer Ferienhaussiedlung am schönen Beispielsee
- Konzeption und Vermarktung einer Messe zum Thema xyz
- Vereinheitlichung der IT-Systeme aller internationaler Standorte des Unternehmens xyz
- Planung und Durchführung eines Handballturniers
- Planung und Durchführung der Hochzeit von Andreas und Lena
- Einführung eines Dokumentenmanagementsystems im Unternehmen xyz
- Neukonstruktion einer Maschine
- Einführung eines Weiterbildungskonzeptes zum Thema abc im Unternehmen xyz
- Expansion von Unternehmen xyz in den (ausländischen) Markt
- Organisation und Durchführung eines Musikfestivals
- Planung und Realisierung einer neuartigen Produktionsanlage
- Einführung eines neuen Tarifes in einem Versicherungsunternehmen
- Neubau eines Rechenzentrums
- Eröffnung eines Irish Pubs
- Konzeption eines neuen Marketingauftrittes des Unternehmens xyz
- Realisierung einer Windkraftanlage

# Inspiration: Umfeldanalyse

**Triggerfragen:**

- An woran muss alles gedacht werden?
- Welche Rahmenbedingungen existieren?
- Welche Probleme können auftreten?
- Wodurch könnte das Projekt beeinflusst werden?
- Welche rechtlichen Faktoren sind zu bedenken?
- Welche Gegebenheiten auf dem Markt sind zu berücksichtigen?
- Welche technischen Rahmenbedingungen sind zu beachten?
- Welche klimatischen Einschränkungen sind zu bedenken?
- Welche politischen Einflüsse sind zu beachten?
- Welche gesellschaftlichen Rahmenbedingungen liegen vor?
- Welche branchenspezifischen Faktoren liegen vor?
- Welche geografischen Punkte sind zu berücksichtigen?
- Wo wird das Projekt durchgeführt und hat das bestimmte Auswirkungen?
- Welche positiven Einflüsse können von außen auf das Projekt wirken?
- Welche negativen Einflüsse können von außen auf das Projekt wirken?
- Welche Infrastruktur ist zu beachten?
- Welche unternehmenskulturellen Faktoren könnten eine Rolle spielen?
- Welche Anforderungen an das Projekt sind schon bekannt?

# Inspiration: Stakeholderanalyse

**Triggerfragen:**

- Wer könnten mögliche Unterstützer sein?
- Wer könnten mögliche Gegner sein?
- Wer ist betroffen vom Projektergebnis?
- Wer ist am Projekt beteiligt?
- Wer hat die Macht, das Projekt voranzutreiben?
- Wer sind fachlich-inhaltlich wichtige Akteure?

**Mögliche Stakeholder:**

- Teammitglieder
- Auftraggeber
- Lenkungskreismitglieder
- Familienangehörige
- Nachbarn
- Konkurrenzunternehmen
- Betriebsratsmitglieder
- Ansprechpartner bei Behörden
- Ansprechpartner externer Partner
- Anwender
- IT-Verantwortliche
- Anwohner
- Lieferanten
- Stabsabteilungen

# Inspiration: Risikoanalyse

**Triggerfragen:**

- Welche Ereignisse könnten negativ auf mein Projekt wirken?
- Was kann alles schief gehen?
- Wo gab es schon häufiger Probleme?
- Welche Situationen sind nicht vorhersehbar und wirken sich negativ auf das Ergebnis aus?
- Wo lauern Gefahren?
- Welche unvorhergesehenen Ereignisse könnten das Projektbudget sprengen?
- Welche unvorhergesehenen Ereignisse würden den Projekttermin gefährden?
- Welche unvorhergesehenen Ereignisse gefährden das Projektergebnis?
- Welche konkurrierenden Ziele können riskant werden?
- Bei welchen Projektinhalt existieren bisher wenige Erfahrungen?
- Welche Projektinhalte sind technologisch kritische Faktoren?
- Welche stark konfliktbereiten Stakeholder existieren?
- Welche nicht abgestimmten Termine existieren?
- Wo könnten kritische Ressourcenengpässe vorliegen?

# Online-Ressourcen

Um dir die Arbeit etwas zu erleichtern, findest du unter folgendem Link weitere Ressourcen:

www.projekte-leicht-gemacht.de/level-d

Folgende Quellen wirst du hier finden:

1. Beispiel-Transfernachweis: Ein kompletter Beispiel-Transfernachweis kann heruntergeladen und als Inspiration für die eigene Arbeit genutzt werden.
2. Vorlagen: Für einige Kapitel findest du Vorlagen-Dokumente in Excel oder Powerpoint. Diese können für deinen Transfernachweis als Anregung dienen.
3. Checklisten: Die im Buch aufgeführten Checklisten zur Prüfung der Kapitel und des gesamten Transfernachweises findest du hier zum Download und Ausdrucken.

3723500R00067

Printed in Germany
by Amazon Distribution
GmbH, Leipzig